浅川芳裕

日本は世界5位の農業大国

大嘘だらけの食料自給率

講談社+α《プラスアルファ》新書

はじめに——日本農業弱者論はまったくの事実無根

農業を語るとき、二つの潮流がある。

一つは、「農家弱者化・危機論」である。「農業はきつい仕事のわりに儲からない。だから、もっと農家を保護しないと日本人の食料は大変なことになる」という主張だ。これが長年、農業を語るうえでの主流となってきた。農林水産省やマスコミが声高に叫び続けているため、世間一般にも根づいた考え方である。

もう一つは、「農業問題化・成長論」である。「日本農業は今のままではダメだ。しかし、構造的な問題を解決すれば、成長する可能性を持っている」という、こちらは最近、にわかに増えてきた論説である。農政改革や一般企業の参入が、旧態依然とした農業界を活性化させるとして注目を集めている。

本書の趣意はどちらでもない。なぜなら、そもそも両論とも前提を間違えているからだ。「日本農業は弱い」なんて誰がいった？　日本はすでに「農業大国」なのである。

農業の実力を評価する世界標準は、メーカーである農家が作り出すマーケット規模である。国内の農業生産額はおよそ八兆円。これは世界五位、先進国に限れば米国に次ぐ二位である。この数字は農水省が発表しているもので、二〇〇一年以降、八兆円台を維持している。

日本が農業大国である所以《ゆえん》は、日本が経済大国だからという点に尽きる。戦後、まず農業以外の産業が発展し、人々の生活が瞬《また》く間に豊かになった。そして消費者の購買力が増すにつれて、食に対する嗜好《しこう》も変化していった。それにともない、食品の流通・小売業や加工業も発達した。

それらの食品産業のもっとも川上に位置するのが、農業である。

他産業が発展し、人々が豊かになることで農業は継続的に発展できるのだ。物資が足りず、食うや食わずの生活を送っている国民が大半を占める時代では、主食となるコメや一部の野菜以外は売れない。しかし、経済的なゆとりが生まれれば、それまで贅沢品だった肉や果物なども売れるようになる。つまり、国民所得が増えるにつれて選択肢が広がり、消費者のニーズが多様化するわけだ。農業経営者がそのニーズを創り出し、ニーズに応え続ける経営努力によって、農業は産業として成長してきたのである。

農家数の急減が日本農業を衰退させるという論調もあるが、それはまったく実情を把握していない。確かに、過去四〇年間で農家の数は激減したが、農業外所得の増大と農業の技術革新にともない、生産性と付加価値は飛躍的に向上している。

農家数減少の実態をより正確にいえば、変化する顧客の需要、高度化する品質要求に対応できた少数の農業経営者が生き残り、できなかった多数の農家が廃業、もしくはより魅力的な産業に移動したということである。読者が本書を手に取られたこの瞬間にも、農業を本業とし、きっちり成果を挙げている優良農家は進歩を遂げているのだ。

すなわち、今ある少数の農家だけでも日本国民の需要を十分に賄《まかな》いきれるほど、農場の経営は進歩を遂げているのである。これは何も日本に限った特殊な現象ではなく、農業就業人口の流動化、減少、生産性の向上は、すべての先進国が歩んできた道である。その結果、個々の農場が個別の経営判断により社会で自立した存在になり得るのだ。

それではなぜ、こうした事実に反して「農業は弱い産業だ」という単純なレッテルが貼られているのか。それはすべて、農水省および日本政府が掲げる「食料自給率向上政策」の思想に起因する。

昨今の世界的な農産物価格の高騰と相まって、日本の食料自給率（四一パーセント）が世界で最低レベルの危機的状況にあると取り沙汰されている。メディアが農業関連の話題を報じるときも、自給率の低さは必ず引き合いに出されるため、ご存じの方も多いと思う。
「国内産で賄える食料が半分以下では、万が一、輸入がすべてストップした場合に、国民の多くが飢えて苦しむことになる。そのためには自給率を上げて、国民の食料安全保障を盤石《ばんじやく》にしておかなくてはならない」というのが、政府と農水省の主張だ。

しかし、この主張の裏づけとなる食料自給率の数字は、実は極めていい加減なものなのだ。そもそもスーパーに並ぶ農産物の大半は国産だし、棚には一年を通して十分すぎるほどの量が陳列され、品質についても大きな不満は聞こえてこない。それどころか、現実は生産過剰だ。コメの減反政策は四〇年以上続けられ、畑での野菜廃棄の光景も日常化している。

自給率が示す数字と一般的な感覚がかけ離れているのは、農水省が意図的に自給率を低く見せて、国民に食に対する危機感を抱かせようとしているからである。

では、なぜそんなことをするのか。詳しくは本文に譲るが、端的にいうと、窮乏《きゆうぼう》する農家、飢える国民のイメージを演出し続けなければならないほど、農水省の果たすべき仕事がなくなっているからだ。それはつまり、民間による農業の経営、マーケットが成熟し、政府・官僚主導の指導農政が終わりを迎えていることの証である。

そして、どうすればラクをして儲けられるか、いかにして省や天下り先の利益を確保するかという自己保身的な考え方で、農水省が農業政策を取り仕切っているからである。農水省幹部の頭には、国民の食を守るという使命感などまるでない。

最後のあがきとして、世界でも日本でしか通用しない自給率という政策指標を編み出した。自給率政策によって、あたかも農水省が国民を「食わせてやっている」かのようなイメージ操作が実現できるからだ。その結果、統制経済的で発展途上国型の供給者論理を正当化し、農水省予算の維持、拡大を図っている。

「自給率政策がなければ俺たちが食っていけなくなる」――。これは、ある農水省幹部の言葉だが、この言葉がすべてを象徴している。

こうした政策で、どれほど市場の成長が歪められようとも、弱い産業イメージを国民に植えつけ、農業の職業としてのプライドを傷つけようとも、農家の向上心と農場の進化は止められはしない。

私は政治家に会うと、「日本農業の規模は世界で何位だと思うか」と聞くことにしている。ある大物政治家からは、「八〇位くらいではないか」との返答を得た。もっとも近い人でも五〇位。実際は先ほど述べたように世界五位の市場規模だ。そして農家の所得は世界六位である。つまり、一般国民のみならず、多くの政治家が、農水省の喧伝《けんでん》する自給率の低さや農業弱者論を鵜呑みにし、日本農業の真の強さを認識していないのだ。

本書では、食料自給率向上政策がいかに無意味か、そして農家にも国民にも害を与える愚策であるかを論証している。また、日本農業弱者論がまったくの事実無根であり、実際に日本農業がどれほどの実力を持っているのかも示している。さらには、農業界が直面する本当の課題を提示し、日本農業がさらなる発展を遂げるには何をすべきか、その方向性を提案する。

「農業＝食」は、人間にとってなくてはならない。だからこそ、その産業の健全化と発展は我々すべての利害である。農業に従事されている方はもちろん、これから農業を始めようと考えている方や日本農業の将来に関心を抱かれているすべての方にお読みいただきたい。そして農業界、農政の真の姿を認識してもらえれば幸いである。

最後に、「農業経営者」編集長の昆吉則《こんきちのり》氏にお礼を申し上げたい。執筆にあたり、励ましと貴重な助言をいただいた。

二〇一〇年二月

浅川芳裕《あさかわよしひろ》

目次◉日本は世界5位の農業大国——大嘘だらけの食料自給率

第六章　本当の食料安全保障とは何か

第一章　農業大国日本の真実

「エセ国内農業保護」の実情

ここ数年、日本の低い食料自給率をテーマにした報道、特集が世間を賑わしている。「食料の六割を海外に依存する超輸入大国ニッポン！」「世界で食料争奪戦！」「ニッポン農業崩壊寸前！」などと、国民の危機感を煽《あお》る文句が仰々しく連呼されている。

二〇〇八年一一月発表の内閣府世論調査によれば、国民の九割以上が将来の食料事情に不安を抱き、食料自給率を高めるべきだと考えているという。メディアで毎日のように食に対する不安が喧伝《けんでん》されたことも大きいが、九割を超す国民が食料自給率の向上を願っている背景には、「日本農業、農家に頑張ってほしい（郷土愛・農業への成長期待）」「健康な生活を送りたい（安全・安心欲求）」「食料不足で飢えたくない（基本的な生存本能）」という切実な思いがあるのだろう。食の安全問題や国際的な食料問題、身近な食品価格上昇と相まって、自給率向上に対する国民の期待や支持が高まっていくのは自然といえる。

国の自給率向上政策の目標を整理すると、「低い食料自給率（二〇〇八年は四一パーセント）↓国民の食を守る↓国内農業の保護・振興↓輸入依存からの脱却↓高い食料自給率の実現（二〇一五年に四五パーセントが目標）」という構図になる。この政策が真っ当なら、何もいうことはない。

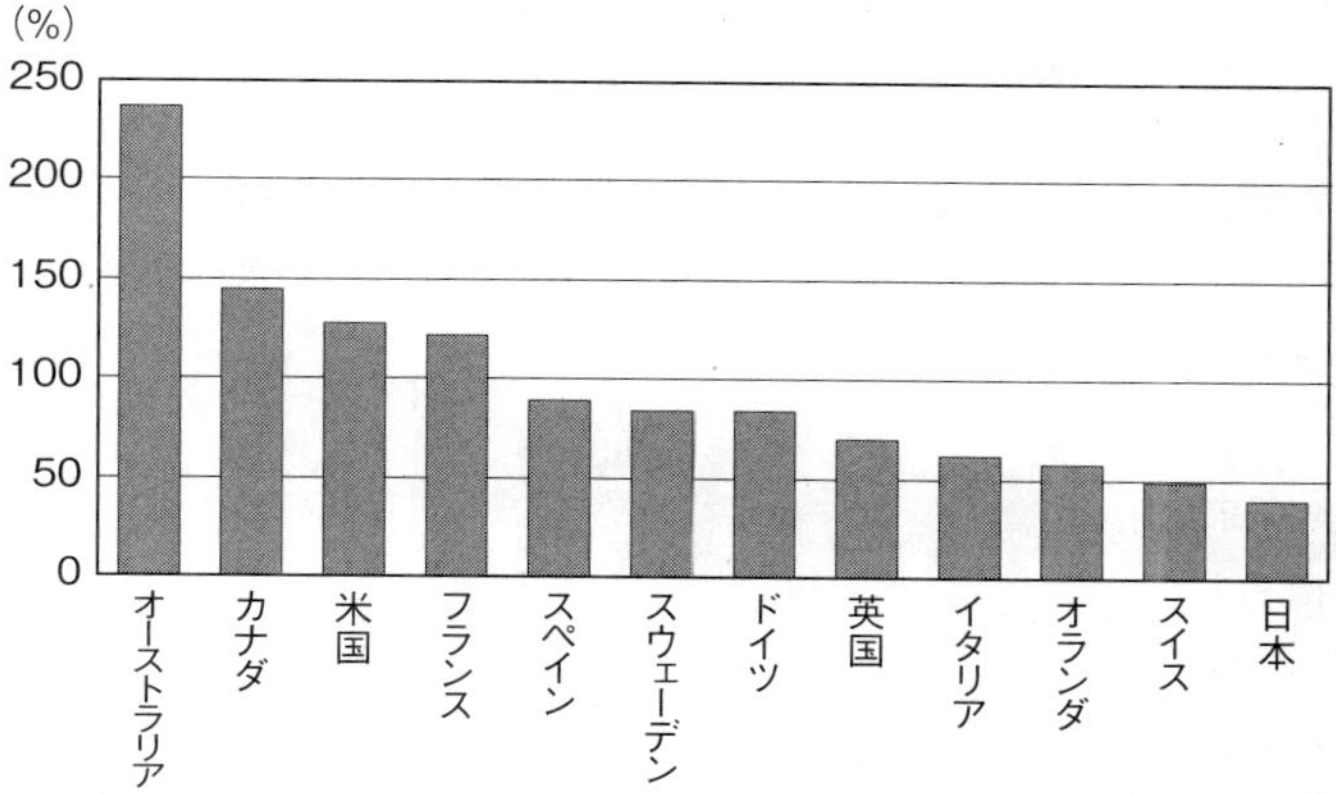

図表1　主要先進国のカロリーベース食料自給率（2003年）

※出典：農林水産省

しかし、国が国策としてその向上を謳《うた》う食料自給率という指標自体がいい加減であり、「インチキ」なものだとしたらどうか。しかも、その指標が国民、農民を騙し、農林水産省や農業団体に利益を誘導する「エセ国内農業保護」を進めるためのものだとしたら……。

二〇〇八年、農水省は一七億円もの予算（前年ゼロ）を使って自給率広報戦略を展開した。そして、それにメディアが乗った。何しろ国民の危機感を煽るテーマは売れる。自給率向上対策を名目にした予算維持・拡大を狙う農水省と、メディアの思惑が一致した格好だ。二〇〇八年度、この分野の農水省予算は一六六億円に上り、六五億円だった前年の二五五パーセントを確保していたのだ。

さらには芸能人やオリンピック選手を担ぎ出して、「食料自給率向上に向けた国民運動推進本部」を設置。事務局は広告代理店最大手の電通内にある。国民の血税をつぎ込んでおきながら、「国民運動」とは名ばかりの丸投げ。電通を使って消費者を洗脳できると思い込んでいること自体が空恐ろしい。

肝心の中身はといえば、テレビCMやホームページで低い自給率を煽り、著名人を雇った国民広報部会を年一～四回、財界や学識者を担ぎ出す食料自給率向上推進委員会を年一、二回開催する。実質それだけだ。目的は税金を使って、年に数回呼ばれる芸能人や御用学者に小遣い稼ぎの場を提供することか？

それ以外にも、生産者が自給率向上運動に主体的に参加するための、顕彰事業制度を検討する部会を年に数回開くという。農業経営者は顕彰されないと生産をしないとでもいうのか。農家のプライドなど、何一つ考えたことがないのだろう。

農水省のヒット商品

さらに農水省は、自給率向上を目的とした三〇二五億円の総合対策費を盛り込んだ、二〇〇九年度予算の概算要求を実現させた。これは前年度比一一八九億円増。食料自給率向上を「錦《にしき》の御旗《みはた》」にした、利益誘導型の予算に向けた動きが本格化したのである。

メディアは「政府も食料自給率の向上に本腰を入れ始めた」と歓迎する。麻生太郎《あそうたろう》前首相は首相就任時、「食料自給率を引き上げる」旨を公約として正式に発表。自民、公明両党の連立政権でも「五〇パーセントを目指す」ことを確認した（福田康夫《ふくだやすお》元首相も、国の総合経済対策に自給率を五〇パーセントに引き上げる方針を盛り込んでいた）。

事故米問題で農林水産大臣を辞任した太田誠一《おおたせいいち》前衆議院議員は、「二〇〇七年度の自給率が四〇パーセントを回復した成果」が評価された。石田祝稔《いしだのりとし》前農林水産副大臣は、「食料自給率が一パーセント上がって四〇パーセントになったが、輸入が止まれば二人に一人しか食べていけない」と、自給率を引き合いに戦争前夜のような発言までしていた。

二〇〇九年八月の総選挙で政権交代を実現させた民主党も、マニフェストに「食料自給率の向上」を明記しており、「一〇年後に五〇パーセント、二〇年後には六〇パーセント、最終的には完全自給」との目標を掲げる。その実現に向け、二〇一〇年度予算に五億円を計上。これは自公政権時と比べて二億円の増額である。

政治家は政局に乗じて自給率向上を謳い、メディアはその実効性を何ら検証せず、「自給率向上！」のオウム返しである。これではまさに農水省の思う壺だ。なぜならば自給率向上が支持される限り、省の予算確保は盤石《ばんじゃく》なのだから。自民党が勝とうが民主党が勝とうが関係ない。

農水省は、先に述べた予算が認められれば、「二〇〇九年度自給率向上効果は〇・五〜一パーセント程度ある」（同省予算課長）ともっともらしい説明をしていた。逆にいえば、「予算が配分されなかったら、低い自給率がもっと下がるがそれでもいいのか」と恫喝《どうかつ》しているに等しい。農水省がコントロールしようとする自給率とは、果たしてそんなに偉いのか？

「世界最大の食料輸入国」の嘘

日本の農業を語るとき、「零細な家族経営」であり、「高齢化が進み後継者がいない」「生産量が減っているから輸入せざるを得ない」、だから「衰退産業だ」という認識から出発している論調が多い。農水省や政治家が一様に自給率向上を叫ぶ根拠としても、「日本は世界最大の食料輸入国」であり、「海外に食料の大半を依存している」という前提がある。日本は世界でもっとも食料を買いあさっている国というわけだが、実はその認識からして誤っている。

数字を見れば一目瞭然だ。日本、米国、英国、ドイツ、フランス五ヵ国の農産物輸入額（二〇〇七年）を比べると、一位が米国の七四七億ドル、二位がドイツの七〇三億ドル、次いで英国五三五億ドル、日本四六〇億ドル、フランス四四五億ドルという順になる。日本は世界最大の食料輸入国ではないのだ！

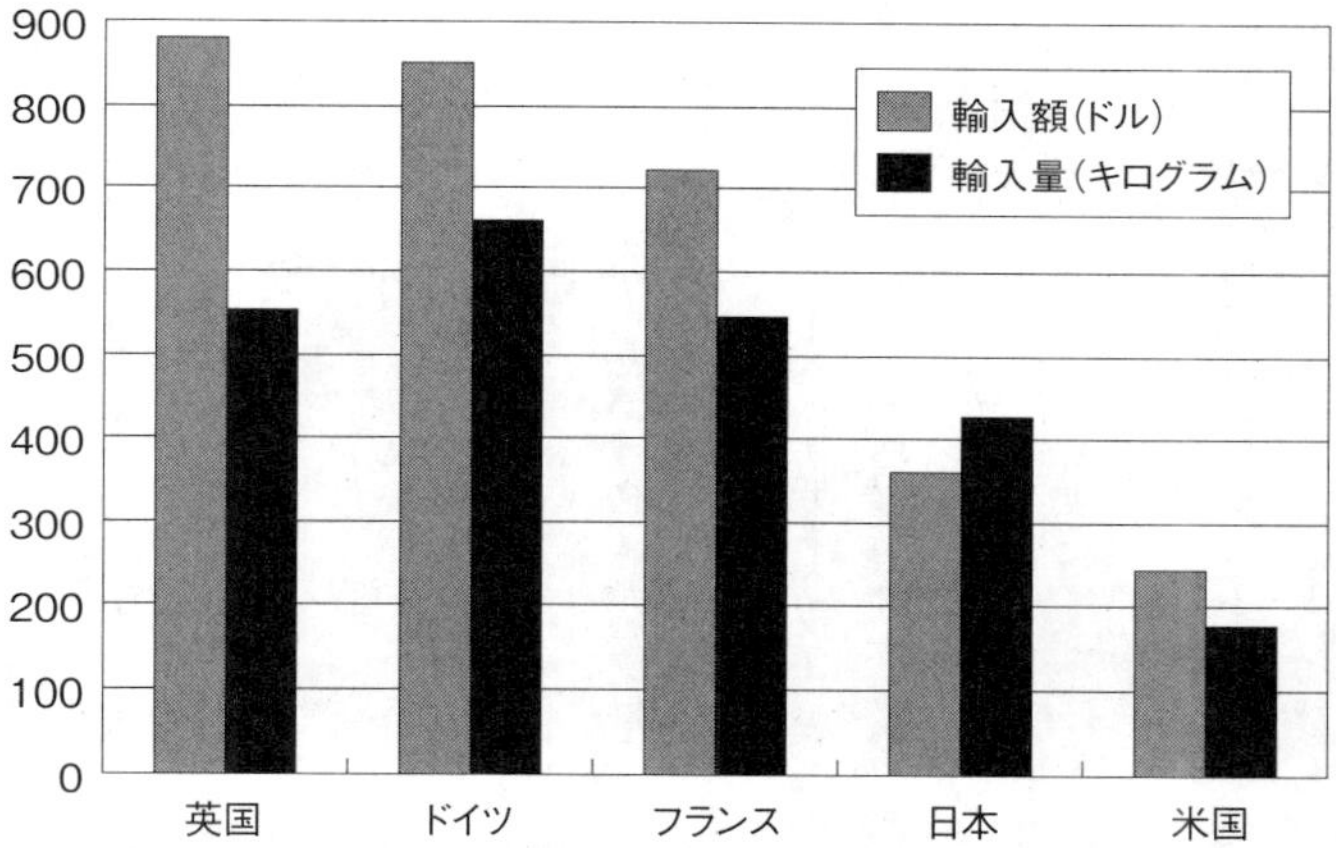

図表2　国民1人当たりの輸入額と輸入量（2007年）

※出典：FAOSTAT

実際の依存度をよく表す、国民一人当たりの輸入額を試算しても、一位英国八八〇ドル、続いてドイツ八五一ドル、フランス七二二ドル、日本はフランスのほぼ半分の三六〇ドルで、一番少ない米国の二四四ドルとも大差ない。

それでも、「日本が輸入している農産物は安いから、金額は低くても量が多いのでは？」と考える人がいるかもしれない。しかし、国民一人当たりの輸入量で見ても、ドイツ六六〇キログラム、英国五五五キログラム、フランス五四八キログラムに続き、日本は四二七キログラムと、米国の一七七キログラムに次いで少ないのだ（〈図表2〉参照）。

対GDP（国内総生産）の農産物輸入比率で比較しても同順で、日本はわずか〇・九パーセント。ドイツ二・六パーセント、英国二・四パーセント、フランス二・二パーセント、米国〇・六パーセントだから、日本の国力に占める輸入食料負担は決して多くない。

それどころか、国際連合食糧農業機関（FAO）発表の数値から導き出すと、農業の国内生産額（二〇〇五年）において、日本は先進国のなかで、米国の一七七五億ドルに次ぐ八二六億ドルの二位である。

すでに述べたように、農水省が発表している国内生産額は、二〇〇一年以降およそ八兆円であり、八二六億ドルと大差はない。農水省とてFAOの数値をしばしば参考にしているのだから、八兆円という数値が、日本が農業大国であることを証明しているのを知っているはずだ。

世界全体で見ても、農民が大多数を占める人口大国の中国が一位、そして二位の米国、三位のインド、四位の農業大国ブラジルに続き、日本は世界五位の農業大国となる。これはEU諸国のどこよりも多く（六位フランス五四九億ドル、一三位ドイツ三七九億ドル、一八位英国一八四億ドル）、農業大国ロシア（七位・二六九億ドル）、オーストラリア（一七位・二五九億ドル）の三倍超もある。

食料輸入最大国の汚名返上どころか、農業大国日本の面目躍如である。

農業ＧＤＰが示す実力

生産額だけでなく、農業が生み出した付加価値の総額――農業ＧＤＰを見ても同じく世界五位である。三〇年以上にわたって五位以内をキープしており、一九九一年から一九九五年の五年間は世界四位であった。

日本が「世界第二位の経済大国」と呼ばれる根拠はＧＤＰである。同じＧＤＰ基準でいえば、あらためて「日本は世界五位の農業大国」といってまったく語弊はないだろう。

農業ＧＤＰを額で示してみよう（〈図表3〉）。一九九〇年代半ばまで右肩上がりだが、一九九五年を境に下降傾向にある。「農業大国とはいっても、衰退しているではないか」と反論が聞こえてきそうだ。

しかし、日本のＧＤＰ（〈図表4〉）と農業ＧＤＰを比較してみれば、極めて相似していることがお分かりになるだろう。農業が経済活動の一つである以上、国全体の経済成長といったマクロ経済に大きな影響を受けることになる。農業ＧＤＰが決定される要因は、生産性の向上、設備投資、労働力や資本、農地の相対価格、国民所得の水準、消費構造の変化などである。加えて、為替レート、利子率、税率や海外市場の需給、海外農場の生産性などの変化とも連関している。

全体のGDPと同じく先進国では米国が一位、日本が二位。世界トップ二の中国、インドでは農業のGDP比率がそれぞれ一二パーセント、二〇パーセントと極めて高い。米国と日本は、農業のGDP比率はそれぞれ〇・九パーセント、一・六パーセントにすぎないにもかかわらず、農業GDPは世界四位、五位の地位を占めている。

これは何も日米二ヵ国に限った話ではなく、先進国における農業のGDP比率は一様に一パーセントから数パーセントの範囲だ。就業人口に占める農業従事者の割合も、同様に数パーセントにすぎない。

先進国とは、いうなれば経済成長によって農家が他産業に移り、農業のGDP比率が相対的に低くなった国である。そして、残った少数精鋭の農家が技術力、生産性を高めた結果、大きな付加価値（農業GDP）を生むことができるようになった国なのだ。

国民の豊かさを示す一人当たりのGDPに相当する農業指標では、日本の農業従事者は世界一一位（二〇〇四年）。コメの減反が始まる前の一九六〇年代は一位か二位であった。上位はシンガポールやアイスランドだが、これは農業が盛んでなく、ごく少数の農場が独占的な経営を行っているためだ。

次に来るのが北欧諸国で、分野的に付加価値の高い畜産中心なのが要因である。主要国で抽出すれば、日本はフランス、カナダ、オランダ、ベルギー、米国に続く六位。対する国民

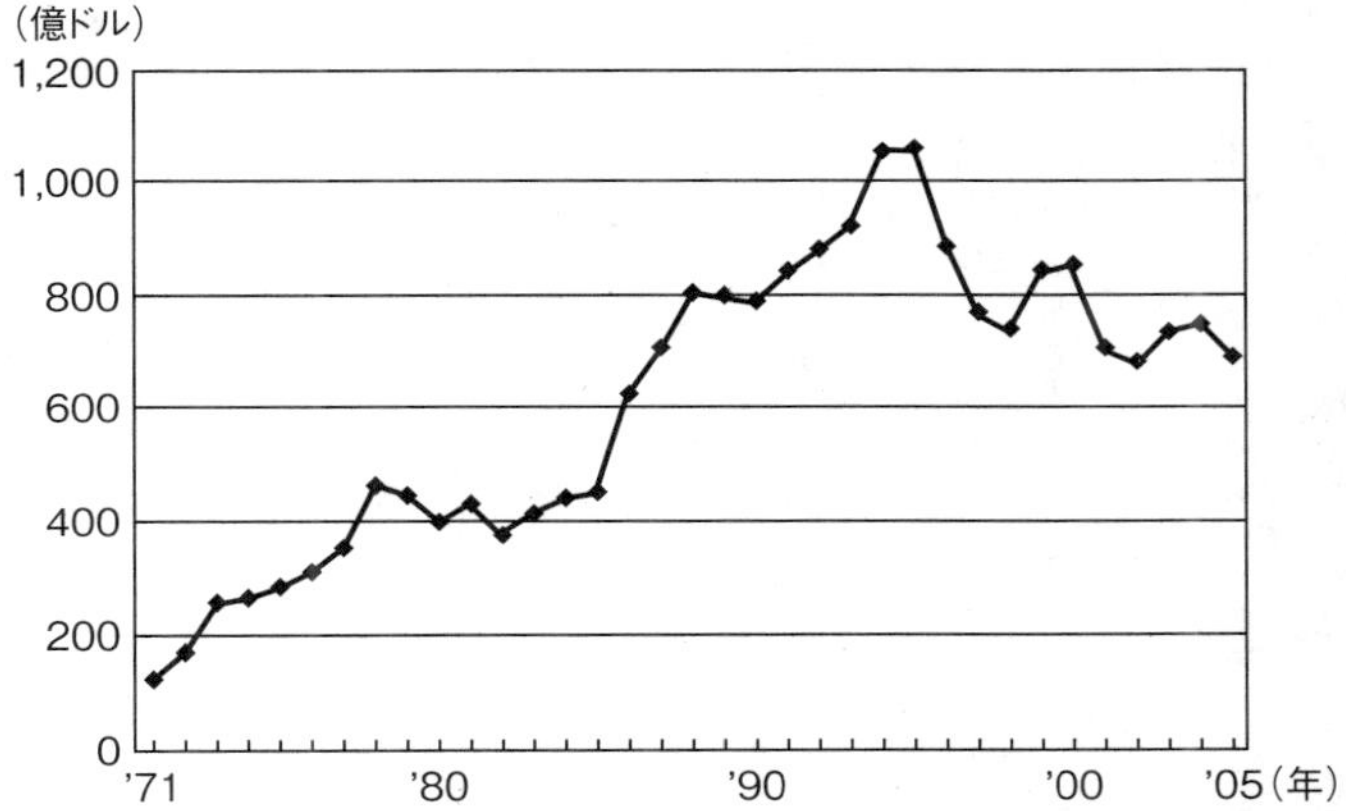

図表3　日本の農業GDP

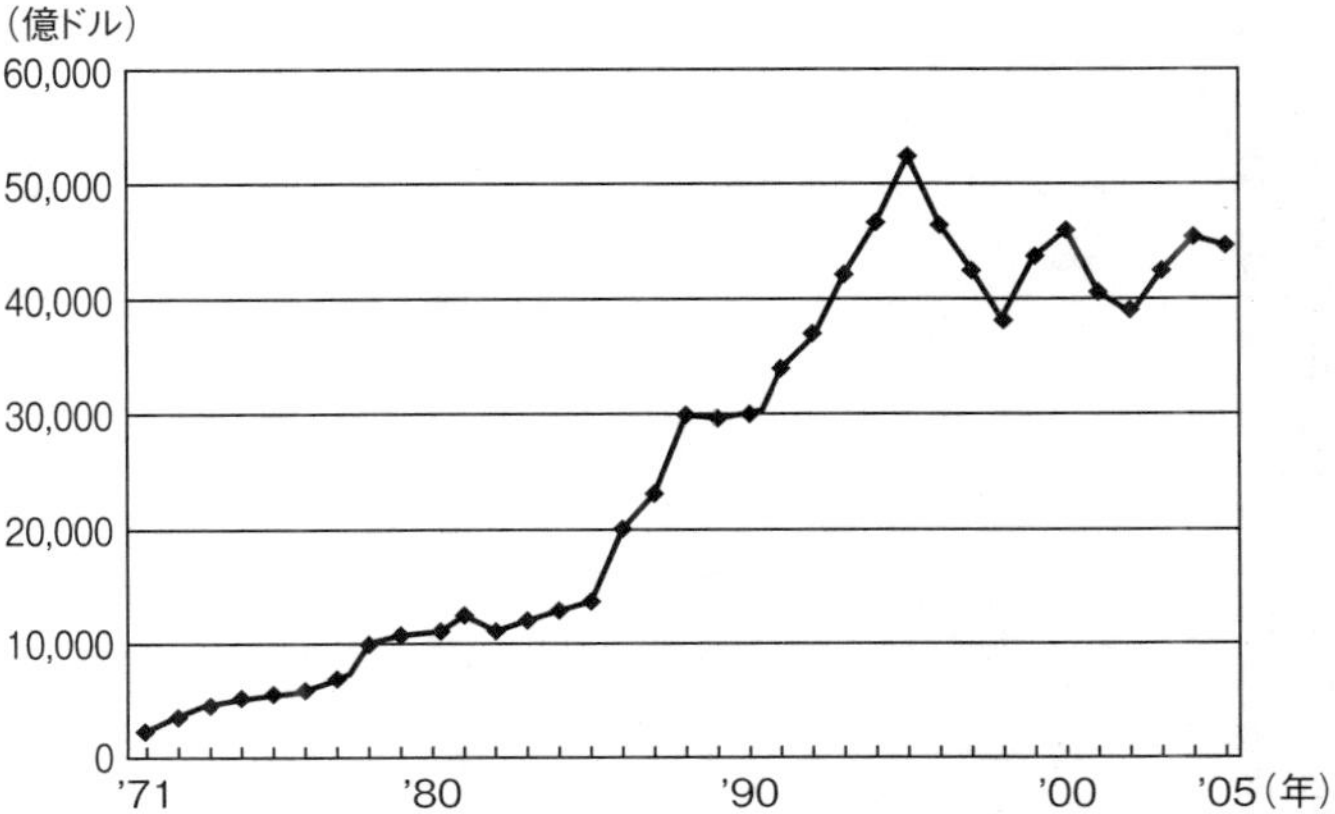

図表4　日本のGDP

※出典：The CIA World Factbook

一人当たりのGDPランキングでは、一九九三年に世界一位になって以降、二〇〇六年に一八位、二〇〇八年に二〇位と右肩下がりである。

この違いは、国民と農民、二つの一人当たりのGDP推移に顕著に表れている。国民一人当たりの伸びが鈍化しているのに対し、農民一人当たりは過去五年で五〇〇〇ドルも伸びている。これは農業の労働人口が減少するなか、生産性が向上している証だ。

また、これは昨今の農業ブームといわれる現象の経済的な背景でもある。製造業、サービス業の生産性が国際比較で低下し、農業の生産性が相対的に向上したのだ。規模拡大による効率化が進む畑作・畜産、輸入品と熾烈な競争をする野菜がこのトレンドを牽引《けんいん》している。

食料自給率に潜むカラクリ

それではなぜ、日本の食料自給率が低いのか。一体、食料自給率とは具体的にどのような数字を指すのか。農水省の大々的な広報活動により知名度は抜群に高まったが、その実態を把握している国民は少数だと思われる。実は、自給率の計算式にはカラクリがあるのだ。

農水省によれば、食料自給率とは、「国内で供給される食料のうち、国産でどの程度賄《まかな》えているか」を示す指標だという。これには重量や品目別、飼料ベースなど様々あるが、「食料・農業・農村基本法」によってその向上が定められている指標は二つ。「カロリーベー

カロリーベース総合食料自給率

＝ 1人1日当たり国産供給カロリー ／ 1人1日当たり供給カロリー

国内で生産された農産物のカロリー

＝ (国産＋輸出)供給カロリー÷人口 ／ (国産＋輸入－輸出)供給カロリー÷人口

我々が実際に摂取している
農産物のカロリーではない

図表5　カロリーベース総合食料自給率の数式

※出典：農林水産省の資料を基に筆者作成

ス」と「生産額ベース」の自給率である。

毎日のように連呼される「自給率四一パーセント」は、カロリーベースの数字だ。これは国民一人一日当たりの国産供給カロリーを、一人一日当たりの全供給カロリーで割って算出する。計算式で表すと〈図表5〉のようになる。

最新の二〇〇八年を見ると、分子が一〇一二キロカロリー、分母が二四七三キロカロリーで、自給率は四一パーセントとなる。

ここで注意すべきは、分母となる供給カロリーは、我々が実際に摂取しているカロリーではないという点だ。厚生労働省の調査（二〇〇五年）による摂取カロリーは、一九〇四キロカロリー。これに対して、流通に出回った食品の供給カロリーは二五七三キロカロリーもある。

それでは、その差七〇〇キロカロリー弱、供給カロリー全体の四分の一以上はどこに消えたのか。それは毎日大量に処分されるコンビニ食品工場での廃棄分や、ファストフード店、ファミリーレストラン、一般家庭での食べ残しなどである。誰の胃袋にも納まらなかった食料、つまり誰にも供給されなかったカロリー分も、分母に入れて計算されているのだ。

その量はといえば一九〇〇万トン。日本の農産物輸入量五四五〇万トンの三分の一近く、世界の食料援助量約六〇〇万トンの三倍以上に及ぶ。

分母である供給カロリーの数値が大きくなるほど、国産の比率＝自給率は過小評価されてしまう。こうした大量廃棄量まで含んだカロリーベースの食料自給率で、国民が望む「自給」という概念が語れるのだろうか。しかも現代は、カロリー過剰でメタボ対策が必要とまでいわれる時代であり、低カロリーの食事を心がけている人も少なくない。実際の消費カロリーで計算しなければ現実が見えてこないのは明らかだ。

また、過小評価される以前に、分子の国産供給カロリーには、全国に二〇〇万戸以上もある農産物をほとんど販売していない自給的な農家や副業的な農家、土地持ち非農家が生産する、大量のコメや野菜は含まれていない。総世帯の五パーセントを占める自家消費だけでなく、多くはご近所、知人、親戚など何倍もの世帯へのおすそ分けに回っている。それに、最近急増している家庭菜園の農産物がカウントされていないのはいうまでもない。

プロの農家が作る農産物でも、価格下落や規格外を理由に畑で廃棄されているものが二、三割はある。当然、それも分子には含まれていない。つまり、実際の生産量、生産力は農水省発表の数字よりずっと高いのである。

現実に即した自給率は高水準

国民が一般的に自給率と理解しているのは、「健康に生活するのに必要な食料が、身近な国産でどれだけ賄えているか」ではないか。そこで、厚労省が定める健康に適正な「食事摂取カロリー」を基準に自給率を試算してみた。

年齢別・性別の適正基準に対し、その人口分布を厳密に当てはめてみると、国民一人一日当たりの平均カロリーは一八〇九キロカロリーとなる。国産供給カロリー一〇一二キロカロリーをそれで割ると、自給率は五六パーセントにもなる。実際の「摂取カロリー」（二〇〇五年版の国民健康・栄養調査）をベースにしても同様で、摂取一九〇四キロカロリーに対し、国産一〇二九キロカロリーは五四パーセントを占める。

双方とも、政府が定める二〇一五年度目標の四五パーセントを軽々と超え、民主党が一〇年後に目指す五〇パーセントさえ一気に突破している。めでたし、めでたしである。これがいたずらに食料不安を抱かせず、常識的な理解に即した自給率の数字といえるだろう。ここに、カウントされていない畑での大量の廃棄量、そして非販売農家の自給とおすそ分け生産量を加えれば、六〇パーセントさえ超えるはずだ。

また牛肉や豚肉、鶏卵、牛乳といった畜産酪農品の場合、実際に国内で飼育した牛、豚、鶏などであっても、すべてが国産として扱われるわけではない。どういうことかというと、農水省の自給率計算では、実際に国産品が供給するカロリーに、飼料自給率（家畜が食べる国産飼料の割合）を乗じて計算される。つまり、国産のエサを食べて育った家畜だけが自給率の対象になるのだ。海外から輸入したエサを食べていた家畜は除外される。

そのため、畜産物の実際のカロリーベース自給率は六八パーセント、生産額ベース自給率に至っては七一パーセントだが、農水省の自給率計算では一七パーセントにまで落ち込み、その数字が全体の自給率計算に用いられているのだ。

養豚をしている、ある農業経営者は、「自給率向上が国策なら、我々は低下させた容疑者として一番に国策捜査を受けないといけない。一〇〇パーセント輸入飼料を使っているからね」と苦笑していた。彼は一〇〇〇頭以上の豚を肥育し、ハムやソーセージなどを手がける地元でも有数の事業者だ。しかし飼料は輸入品を与えている。飼料自給率がゼロだから、何十人も雇用し何億円も売り上げても、彼が国民に供給したカロリーは農水省の計算上ゼロ。

自給率低下の犯人というわけだ。

自給率栄えて国民滅びる

カロリーベースの指標は生活実感にも即していない。たとえばスーパーに並ぶ野菜を見てもらいたい。自給率が四一パーセントだというのなら、半分以上が外国産ということになる。しかし、実際は大半が国産品だ。このギャップは何なんだと疑問をお持ちの方も多いだろう。

まさにその通りで、野菜の重量換算の自給率は八〇パーセントを超えている。二〇〇八年に、毒ギョーザ事件を始めとする中国産食品の危険性がクローズアップされたため、多くの野菜が中国からも輸入されているという印象が強いと思うが、中国産は一〇パーセント程度にすぎない。だが、野菜は全般的にカロリーが低いため、全供給量に占める国産カロリー比率は三パーセント、摂取カロリーでは一パーセントを占めるのみ。中国産野菜への依存率に至っては〇・一パーセントだ。

「いや、そんなことはない。海外から食料が入ってこなくなったら大変だ。廃棄食料や輸入食料を含めた全供給カロリーに占める国産比率を計算したほうが、自給状況の現実を正確に把握できる」。そんな反論もあろう。しかし実際はまったく逆である。

農水省の自給率計算式に当てはめると、仮に輸出入がゼロになった場合、分母と分子が一致し、自給率は一〇〇パーセントになってしまう。

ほとんどの国民が、「自給率が上がる＝国内生産量が増える」ものだと解釈しているのではないか。ところが実際は、国産が増えようが減ろうがほとんど関係ない。自給率を上げようと思えば、分母に占める割合の大きい輸入が減れば済む。国産が増えなくても、毒ギョーザ事件などの外的要因によって輸入が減少すれば、自給率は自然と高まるのである。

もしも日本の国際的な経済力が弱まり、海外での食料調達に買い負けすればするほど、何もしなくても自給率だけがどんどん高まっていく。だが本当にそのような事態が訪れれば、国民が入手できる食料は減り、摂取できるカロリーは減少する。

発展途上国は軒並み自給率が高いが、それは海外から食料を買うお金がないからだ。貧困にあえぎ、栄養失調に苦しむ国民が多いにもかかわらず、自給率だけは高い。

まさに「自給率栄えて国民滅びる」である。こんなアホらしい数式を、我が国は食料・農業政策の根本を成す指標として採用しているのである。

もう一つの食料自給率計算法

こうした背景を踏まえ、一部の識者からは「公式な自給率はカロリーベースではなく生産

生産額ベース総合食料自給率

$$= \frac{\text{食料の国内生産額}}{\text{食料の国内消費仕向額（国内生産額＋輸入額－輸出額）}}$$

食料の国内生産額：国内で生産された農産物の金額

食料の国内消費仕向額：国内で消費するために生産・輸入された農産物の金額

図表6　生産額ベース総合食料自給率の数式

※出典：農林水産省の資料を基に筆者作成

額ベースにすべき」との声が上がっている。もう一つの国策指標である生産額（金額）ベースの自給率は、あまりマスコミに登場することがない。計算式は〈図表6〉のようになっている。

二〇〇七年で見ると、分子が一〇兆三七億円、分母が一五兆九四一億円で、自給率は六六パーセントとなる。減少傾向にあるものの、カロリーベースに比べてずいぶんと高い。さらに「食料・農業・農村基本計画」では、二〇一五年度には七六パーセントを達成する目標が閣議決定されている。

それでは、日本の六六パーセントは他国と比較してどうなのかと農水省ホームページで調べてみたが、いくら探しても出てこなかった。農水省に問い合わせてみたところ、「海外についてはデータがないので計算したことがない。今後調べるつもりがあるかどうかも回答できない」との答えが返ってきた。

どうにも解《げ》せない。カロリーベースの場合、各国の自給率を示しては「日本は主要国で最低水準」と強調する。なのに、なぜ生産額ベースの自給率は、国の政策目標であるにもかかわらず他国と比較しないのだろうか。膨大な計算を要する主要一〇ヵ国のカロリーベース自給率を五〇年近く公開しておいて、単純に数字が出せる生産額ベースを算出しないのはおかしいではないか。

そこで計算式に数値を当てはめ、独自に数字をはじき出してみた。

すると驚くことなかれ、日本の六六パーセントは主要先進国のなかで三位である。さらには、農業生産額に占める国内販売シェアは一位。これは、日本の輸入依存度がもっとも低いことを表している。

生産額ベース自給率一位の米国、二位のフランスは一〇〇パーセントを上回っているが、その理由は単純だ。輸入額も多いが、それを輸出額が上回っているからである。反対に四位のドイツと五位の英国は輸出も多いが、輸入がそれを上回っている。ドイツと英国より日本のパーセンテージが高いのは、国内生産額より輸入額がずっと低いからである。つまり、ドイツや英国より消費金額に対する国産比率が高いわけだ。

これは何も不思議な話ではない。国土が南北に長く、多様な気候帯に属している日本は、一年を通じて消費者が望む様々な農産物が栽培可能な、農業に適した国だ。高度な技術もあり、施設を使った集約的な園芸や畜産など、付加価値の高い農業も盛んである。

一方、全土が北海道より北に位置しているドイツや英国は、気候的に野菜・果物は輸入に依存せざるを得ない。英国は野菜の生産額ベース自給率で四〇パーセントを割り、果物は一〇パーセントを下回る。温室栽培を増やしても、南欧や中東アフリカに対してコスト競争力を持ち得ない。さらには食文化の多様化や移民人口の増加により、輸入額の伸び率は日本より高い。

米国とフランスは自給率が高いとはいえ、輸出に支えられている。生産額に占める輸出比率は、それぞれ約四割と六割である。つまり、外需依存が高い農業の産業構造になっているのだ。しかも、主要輸出産品は国際競争の激しい穀物や肉製品、ワインなど。そのため近年では南米や東欧などの新興国の競争力向上に押され、輸入金額が増大し、生産額ベース自給率は下がってきている。

そんななか、日本は先進国で唯一、独自の国内市場ニーズに合った野菜や果物、畜産品を開発、生産している。その結果、外需に頼らず、高い国産プレミアによって、高い生産額ベース自給率を維持しているのだ。

そして、ほかの先進国が輸出によって現在の国内農業生産をどうにか維持していることを考えれば、日本農業は今後の外需の伸びしろによって、もっとも成長優位性があるといっても過言ではない。

歴史を振り返れば、生産額ベースの自給率は一九六五年から発表され、今もなお密かに継続しているデータである。「我が国の自給率は高い水準の六六パーセントであって、捨てたものではない」とでも発表できるはずだ。

なぜ農水省がこの数値を大々的に公表しないのか。それは明らかに、日本の生産額ベース自給率がカロリーベースと比べて高いためだ。農水省の自給率発表の目的が国民の食料への不安を煽ることにあり、利権を守れるような世論形成をすることだとしたら頷《うなず》けるだろう。

自給率の歴史に隠された闇

農水省のカロリーベースと生産額ベースの発表経緯を遡《さかのぼ》れば、なぜこんな意味不明の自給率計算をするのか、その意図が透けて見えてくる。

現在、政府が発表する公式自給率はカロリーベースだが、昔は生産額ベースだけが公式データであった。

生産額ベースが発表され始めたのが一九六五年なのに対し、カロリーベースが突然現れたのが一九八三年。それ以降、カロリーベースと生産額ベースが併記されるが、一九九五年に生産額ベースの自給率発表が突然消えてしまう。ところが近年、再び生産額ベースも発表され始めた。農水省はその理由を次のように説明する。

「公式の総合自給率はカロリーベースだが、『野菜や果実など農業生産で大きな比重を占める部門の動向が、カロリーベースでは反映されない』『畜産物は飼料自給率を乗じて計算されるため、生産活動の重要性が十分反映されない』といった指摘を踏まえ、国内農業生産活動を適切に評価する観点から、カロリーベースを補完するために生産額ベースの自給率を算出することにした」

もっともらしい説明だが、農水省は嘘をついている。生産額ベースのほうが先に発表されていたのが事実だ。それではなぜ、突然カロリーベースでの算出を開始し、そちらを公式データに採用したのだろうか。

カロリーベース自給率の発表が始まった一九八三年といえば、農産物自由貿易化交渉、いわゆる「牛肉・オレンジ交渉」賑やかなりし時代である。輸入制限を敷いて国内の果実、畜産農家を保護していた日本に対し、米国などが強く規制緩和を求めていた時期だ。

当時の資料にあたると、「カロリーベースで見ればすでに輸入依存度が高い。生産額ベースに比べて自給率がずっと低いことが示せる」といった論旨が述べられている。より輸入が増えることへの不安を訴えるために、この指標が作られたいきさつがうかがえる。

そして一九九五年、生産額ベースの発表が途絶えたのは、GATT（関税および貿易に関する一般協定）の多角的貿易交渉、いわゆるウルグアイラウンドにおけるコメの実質的な関税化合意のあとである。「コメが海外から入ってきたら、日本農業、国産食料は壊滅する」という論調が喧伝された時期であるが、偶然ではない。

自給率が高く見えてしまう生産額ベースの数値は、「農政の利権構造の根幹にある」コメの危機を訴えるためには相当邪魔くさかったに違いない。これ以外、三〇年近く公式に発表されていた数値が、突如姿を消したことへの説明がつかないだろう。

輸入による国内産の危機が謳われる時期に限って、新しい自給率が採用され、古い自給率が姿を消すとしたら、あまりにもタイミングが良すぎるではないか。

自給率の発表は日本だけ

ここで一つ断っておく。そもそも、カロリーベース食料自給率などという指標を国策に使っているのは、世界で日本しかない。それ以前に、自給率を計算している国も日本だけだ。韓国が日本の真似をして計算しているが、賢明にもその向上を国策にはしていない。

事実、日本の低さを強調するために比較されている主要先進国の自給率は、各国が算出したものではない。農水省の官僚が、FAOの統計からせっせと導き出した代物。自給率は官僚主導の「自作自演」といってもいい。

しかも、その計算根拠は未公開。取材で問いただしたところ、「食料安全保障の機密上、出せない」(農水省大臣官房)との信じられない回答が返ってきた。あれだけ日本の低さを強調するのに利用しておいて、その中身を隠すのにはそれなりの理由があるはずだ。

その点を問うと、「食料危機時代、来《きた》るべき輸入全面停止に備えるため」と、鎖国的な全面戦争論を平気でむき出しにする。日本は国際協調による自由貿易立国ではなかったのか。改めて問うと、「外務省や経済産業省の方針と、農水省の立場は違う」とのご返事。絶句するほかあるまい。

カロリーベースの自給率とは、自由主義・市場経済において過去のデータにすぎず、いかなる政策の指標にもなり得ない。このデータに少しでも意味を見出すとするならば、それはカロリー比率の高い穀類・畜産ビジネスで、国内外の消費・需要に対して各国生産者がどれだけ対応したか、新しい市場をどれだけ開拓したのかが分かる点においてだ。

日本より輸入依存度の高いドイツや英国のカロリーベース自給率が高いのは、日本より海外顧客をたくさん持っているという証明でもある。カロリー自給率の計算式を見てもらえば分かるように、輸出分、すなわち海外顧客向け生産分も国内供給カロリーとしてカウントされるからだ。

自給率を上げようとして上がったのではない。各国が構造改革を進め、生産者も経営努力をした結果、国際競争力が伸び、国内生産能力が引き出されたのだ。残念なことに、自給率向上ありきで農政に取り組む日本の政治家、および農水官僚には、この当たり前の発想が皆無なのである。

一部に先進国の輸出は国の補助金で伸びたという批判もある。だが、それも結構だろう。そのおかげで一度売り先ができれば、たとえ補助金が減る、もしくはなくなったとしても、生産者や関係業者は顧客を維持・拡大しようと必死に努力するようになるものだ。

他国の政策にケチをつけるくらいなら、農水省は予算の使い道を見直すべきだ。EU全体で約四〇〇〇億円の輸出助成金が割り当てられているのに対し、日本の輸出促進予算は二二億円。意味のない自給率向上キャンペーンなどの情報発信費四八億円の半分以下というのが、この国の農業政策の現実である。

別の視点から見れば、英国やドイツの農家も日本の農家も、与えられた条件のなかで最大の所得機会を求めているにすぎない。英国、ドイツでは北海道より北にある生産条件と、昔と大きく変わらない食文化があるため、小麦やジャガイモ、畜産・酪農といった伝統的な農産物の生産性を上げ、輸出競争力を伸ばして所得を上げてきた。それがたまたまカロリーが高い基本食料だった。

対する日本の農家は高度経済成長という条件の下《もと》、多様な気候条件と変化する消費ニーズに対応し、従来の穀物生産から所得がもっと上がる野菜や果物にシフトしてきたのだ。それが海外の大豆や小麦より競争力のある、カロリーの低い農産物だったのである。輸出が少ないのは、国内で売ったほうが儲かったからにすぎない。

世界の笑いものになった政策

それでも、「自給率という概念が世界に浸透していないのは、日本のほうが進んでいるからでは？」と、素朴に自給率論を信じたい人がまだいるかもしれない。

心配はいらない。世界第二位の経済大国が二〇年以上も前から発表している自給率が、経済指標として本当に役に立つのなら、ＧＤＰや景気動向指数のように各国が競い合って採用する。インチキだから通用していないだけ。世界中に溢れる知性を侮《あなど》ってはならない。

日本の自給率政策は、市場メカニズムによる農業成長を妨げ、国が先導して計画的に上げようとするものだ。国が上げようと思えば上げられる、というこの考え方自体が、統制・計画経済の発想丸出しである。国民に逐次発表し一喜一憂させるところなど、まるで戦時中の大本営発表ではないか。

先進国はもちろん、発展途上国もこんな指標を採用していないのは当然だ。今さら統制経済の指標などを使い、国力を低迷させるわけにはいかないのだから。ただし、輸入力がゼロになれば一〇〇パーセントになる数値という意味では、「統制」の意思さえ感じられない暗愚な計算式である。

さらにひどいことに、世界で誰も使っていないカロリーベースの自給率を、農水省は英語でも大本営発表している。政策担当者は国際交渉で低い自給率を臆面もなく強調し、農水省の英文ホームページでは自給率の数字を前提にした食料安全保障論が展開される。それらは通信社を通じて世界中に配信されるのである。

数字はしばしば、物事を良く見せるために操作される。ところが農水外交の場合は反対で、いかに日本農業が弱いかを強調するために悪く見せようと苦心している。

なぜそんなことをするのか。一つには、世界貿易機関（ＷＴＯ）が推進する関税削減案への抵抗が挙げられる。

自由貿易を推進するＷＴＯは、各国が生産したモノとサービスの移動を自由にし、世界を豊かにすることを目的としている。そのためには関税を撤廃、もしくは削減することが必要になる。現在の国際的な基本認識は、極めて高く設定されている関税を削減し、上限関税を設定することである。

自由貿易の恩恵を受けて発展した日本はいまだ、コメに七七八パーセント、こんにゃく芋には一七〇六パーセントなどと、非常識な超高関税を課している。その維持を主張するためにも、食料自給率の低さを喧伝し、日本農業の弱さを徹底的にアピールする必要があるわけだ。「こんなに弱いんだから、WTO交渉でいじめるのをやめてよ」というわけである。

国際的にまったく通用しない自給率論を大真面目に展開する日本が、世界で孤立するのは当然だ。国際交渉の場で、本来世界に誇れる日本農業の実力を世界に発信せず、いかに国力がないかということを宣伝するのは国辱である。農業事業者にとっては、誇りある職業を否定され、屈辱的でさえあるのではないだろうか。

食料自給率は新たな自虐史観

「先進国最低レベルの食料自給率」「後継者不足」「耕作放棄地の増加」といった負のキーワードを、日本国民のみならず世界中に発信しているのが農水省なのだから、閉口するしかない。おまけに、まったく事実とは異なるこうした「日本農業弱者論」は、小学生の頃から植えつけられる。

小学校の社会科教科書では、農水省が英国を自給率のお手本としていることを前提に、日本の自給率下降と英国の上昇を比較して、次のような記述を盛り込んでいる。

「日本以外の国は高いね。日本はどうしたのかな」「わたしたちの食べ物はどうなっていくのかな」「こんなに外国の食べ物にたよっていて、外国が不作になったら日本はどうなるのだろう」「わたしたちのくらしにとって食料自給率は、解決しなければならない問題になってきています」「農家や消費者を守るこれからの食料生産は、どのように進めていったらいいのでしょうか」（「東京書籍」「光村図書」の小学五年社会科教科書から抜粋）

さらに農水省は、「英国の食料自給率が向上した理由をおしえてください」という小学生からの質問をホームページに掲載し、こう答えている。

「二度の世界大戦で深刻な食料不足に陥った経験から、英国民の間に『食料は国内生産で賄うことが重要』との認識が醸成され、これに基づいた農業施策が推進されてきたからです」（一部抜粋）

しかし、当の英国政府はまったく違うことをいっている。むしろ食料自給率向上を国策にしない根拠をしっかりと論じているくらいだ。英国の農業政策については第六章で述べるが、自給率と食料安全保障を混同することは見当違いで、人工的に向上させようとすると農業の産業化や持続性、環境への負荷、国民の福祉、途上国の発展にとって害が大きすぎると結論づけている。

低い自給率を持ち出し、小学生に日本農業の弱さを植えつける。輸入停止の可能性を示し、危機感を煽る。もっと低かった英国での向上成功を引き合いに、自給率は公的に解決すべき問題であると位置づける。そのために、弱い農家はただ守らなければならない存在であることを強調する。

そして、今後の方向性は何も示さず、一抹の不安感だけを漂わせて終わり！

世界に誇るべき日本農業、農産物、そして事業農場の存在を矮小化《わいしょうか》する農業版「自虐史観」の完成である。取り上げた教科書はシェアの高い二社のものだが、全出版社で同様の記述が見られたところにも、農水省による学習指導要領への周到な関与がうかがえる。

減反政策の延命装置

自給率の名の下に国内保護政策を強化しても、農業は弱体化し、いい思いをするのは農水省と関連団体だけだといっていい。たとえば国産保護の代名詞的存在であるコメを見てみると、すでに国民は何重もの負担を強いられているのが分かる。

コメには生産調整、いわゆる減反政策が行われている。減反とは、田んぼを持っていてもコメを作らない分だけ、その農家に対して補助金を与える政策。「コメは自給率一〇〇パーセントなので、ほかの作物を作りましょう」という話だ。

より実態に近い言い方をすれば、「これ以上コメを作ったら在庫が増えて米価が安くなる。そうなると農家は赤字になり、農業をやめざるを得ない。耕作放棄地が増えては国民の食料が危なくなる。だからコメ以外の作物を作る金をくれ」という、農水省の国民に対する恫喝である。

国の減反政策に応じて小麦、大豆、飼料米などコメ以外の作物に転作した農家には、一〇アール当たり三万五〇〇〇円から、地域によっては六、七万円の転作奨励金などが支給される。こんなタカリ制度に参加せず自助努力する農家も増えたが、政府は減反参加者にだけ様々な便宜を与えて手なずけようとしているのだ。その額は累計で七兆円にも上る。

そもそも日本政府が奨励する減反の考えに沿うならば、自給率が一〇〇パーセントに達した時点でいかなる産業政策も終わってしまう。

もしも、トヨタ自動車が国内需要を満たす台数の自動車を作ったら、生産を終了するだろうか。次のステップとして海外に向けて売っていく、もしくは、さらに高級な車を作って国内の新しいマーケットを開拓するなどの戦略を選ぶはずである。実際にそうして世界最大の自動車メーカーに成長したのだ。

農産物も一〇〇パーセントを超えたら終わりではなく、そこからもっと食べてもらおうという競争や工夫が生まれるのが自然である。その意欲をわざわざ税金で殺《そ》いでいるのだ。

実際、政府は毎年膨大な予算を使い、コメの価格維持のために減反や転作による生産調整を一九七〇年代から続けてきた。顧客開拓をはなから放棄して、供給制限カルテルを結んでいるのだ。造成農地や優れた経営者が揃ってきている日本農業の現状を無視し、旧来のシステムをゴリ押しする。減反は日本農業が持ち得る食料供給能力、国際競争力を減じている悪習でしかない。

国民は、こうした政策に「納税」と「高価格の支払い」という二重負担をしていることをいっさい知らされていない。

減反参加者に支給される補助金は、もちろん国民の税金である。国民はさらに、国産保護のために高値が維持されたコメを買わなければならない。しかも、余ったコメは政府が買い取るが、これも税金。そのコメが業者に安く流れてエンドユーザーに届くときも、マージンが乗せられ、消費者の財布がその分を負担しなければならない。さらには、本当に減反が行われているかどうかをチェックするための、公務員の人件費も税金から——といった具合である。

つまり、減反を継続させることで、農水省の天下り団体や農協にラクな仕事を与え、彼らが何ら努力しなくても生き残れる道を作っているのである。

それもこれも、すべては「国民の食を守る」という錦の御旗を掲げたインチキ自給率向上政策が原因だ。この政策指標が、農産業の発展にも国民生活の向上にも一〇〇パーセント無益であることは明らか。政府は、この誤った政策指標自体を即刻廃止すべきである。国民も農業経営者も、騙されてはならない。

第二章　国民を不幸にする自給率向上政策

国が示す空虚すぎる皮算用

そもそも食料自給率向上が声高に叫ばれ始めたのは、一九九九年に「食料・農業・農村基本法」という、農業政策の根幹にある国の基本法が成立したためだ。この法律に、「食料自給率の目標は、その向上を図ることを旨とし」と制定されていることが、すべての自給率政策の根拠になっている。

この条文は、「国内の農業生産及び食料消費に関する指針として、農業者その他の関係者（筆者注：政府はもとより、地方公共団体、農業者・農業団体、食品産業の事業者、消費者・消費者団体など）が取り組むべき課題を明らかにして定めるものとする」と続く。

平たくいえば、消費者の選択とは関係なく、生産すべき量と消費されるべき量の割合（ここから目標とする自給率がはじき出される）をあらかじめ決めて、「関係者が一体となって自給率向上のための工程管理を適切に実施する」（二〇〇五年三月策定の「食料・農業・農村基本計画」）ということだ。

国民の意思とも農家の生産意欲とも関係ない、まさに国家カルテル推進法である。自給率目標値の決定プロセスでは、「政府は、（中略）食料・農業・農村政策審議会の意見を聴かなければならない」と定められている。最終的には閣議決定事項だが、農水省がいかようにもコントロールできるわけだ。

それでは、国が目標とする「二〇一五年度の自給率目標四五パーセント」なる数字はどう実現するのか。その根拠は、「平成二七年度における望ましい消費の姿」という政策に大真面目に書いてある。要約するとこうだ。

「国民が食べる輸入肉や輸入小麦が大きく減り、代わりに国産大豆や野菜、乳製品を取る量が増え、食品廃棄ロスが一割くらい減る見込みである。ただし、国産小麦や国産飼料で育つ肉の消費量は変わらない」

つまり、十数年後の一億人レベルの消費者嗜好《しこう》を、適当に想像して決めただけである。農業生産の増産とも、安全保障上の自給概念とも何ら関連がない空虚な皮算用なのだ。

実はほぼ同じ皮算用を一九九七年にも行い、二〇一〇年には自給率四五パーセントを達成しているはずだった。ところが自給率向上政策を五年間続けても横ばいなので、おおむね五年に一度見直す「食料・農業・農村基本計画」改定着手時の二〇〇三年、こっそり達成時期を五年後に延ばして、今の二〇一五年にしたのである。

ところで農水省は、前回、目標が実現できなかった背景として次の三つを挙げている。

「栄養バランスの優れた『日本型食生活』の実現に向け、国民は自発的にコメの消費を維持するはずだったが、大幅な減少が続いている」「国民は脂質を多く含む肉の消費量を減少させるはずだったが、逆に増加傾向で推移している」「カロリー供給の脂質割合が二八パーセントから二七パーセントに低下するはずだったが、逆に二九パーセントと増加している」あきれるのを通り越して笑ってしまう。国民が何を食べるか、箸の上げ下げまで農水省がコントロールできるわけがない。

自給率五〇パーセントは非現実的

ところが、である。次の三点を見直せば、四五パーセントを実現できるというのだ。

「国民に食生活改善に取り組む際の具体的手法が示されていなかった」「国産農産物の消費拡大が進まなかったのは、国民のライフスタイルの変化を踏まえていなかったため」「本計画策定以降、輸入品の問題が起こり、国民の食への関心が高まっている。これは国産消費拡大に活用できる」

この三つを一気に解決しようとしたのが、第一章で述べた広報作戦である。電通を使って大々的な新聞広告を打ち、テレビCMを流している、あれだ。

さらに、「望ましい消費の姿」に対応するもう一つの目標が「平成二七年度における生産努力目標」だ。これは空虚な消費の姿が達成されることを前提に、農業者が積極的に取り組むべき課題として、国が農業者に示す作物別の生産目標量である。

自給率向上という美名を振りかざせば、全国の農家が一斉に、国が指定した品目と量を生産するとでも思っているのだろうか。いくら国といえども、各農家の経営判断による、作る自由、売る自由、儲ける自由を妨げることはできない。

個々の消費者選択と、作物別の生産量を定めた全農業生産者の努力目標がどうリンクするというのか。いくら計画を読んでも支離滅裂だ。取材すると、「農業生産に関するあらゆる課題が解決された場合に実現可能な国内の農業生産水準」だという。ますます分からない。

従って、二〇一〇年三月に改定が予定される「食料・農業・農村基本計画」の、自給率五〇パーセントを目指すという計画（二〇一〇～二〇一五年）も、計画倒れになることは火を見るより明らかだ。

「食料・農業・農村基本法」ができた一九九九年から毎年、「なぜ自給率は上がらないのか」「どうやったら向上するのか」と同じ議論を繰り返している。目標設定を誤った問題は永遠に解けない。国民のための農業振興を存在理由とする監督官庁が、農業を問題化しているばかりでは芸がないのだ。そろそろ間違いを認めたほうが潔いのではないか。

いっそのこと農業がどれだけ儲かっているか、もしくは儲かっていないか、誰にでも分かるかたちで発表してみてはどうだろう。実際に英国はそうしており、できれば、儲かっている人と儲かっていない人の違いは何か、はっきりさせるといい。

そうすることで、これまでの農業の特殊なイメージは取り払われ、世間の関心も高まるだろう。ほかの産業と変わらないという認知の契機となれば、結果的に農業を職業として選ぶ人々の裾野がずっと広がる。農水省は無意味な計画を立てることに注力せず、農業統計や白書を分かりやすくシンプルに作り直すところから始めることだ。それだけで、日本農業はずっと良くなる。

自給率一パーセント向上の中身

農水省の発表によると、目標値は達成できなかったものの、二〇〇八年の自給率は前年から一パーセント上がって、一一年ぶりに四一パーセントになった。しかし、この数字だけを見て、「国内生産量が増えた。いい兆候だ」と考えるのは早計である。むしろ自給率のトリックに騙されている。はっきりいって、この一パーセント向上には何の意味もない。

中身を見てみると、分母の供給カロリーが前年から七八キロカロリー減少している。これは海外における大豆とチーズの価格が高くなり、買い控えが起こったことが主な要因である。つまり輸入が減ったために、供給カロリーが減っただけなのだ。

「その分、国産が増えたから自給率が上がったのだろう」。一般的な認識では、そう思うのが自然だ。しかし国産カロリーも四キロカロリー減少している。

国産が増えたどころか、減ったにもかかわらず自給率が向上したのである。これは極めて単純な話だ。前年に比べて全体の供給カロリーが減ったが、そのなかで国産の減り幅より輸入の減り幅が大きかった。すなわち分子よりも分母のほうが大幅に減少したために、自給率が一パーセント上がったにすぎないのである。

ところが農水省は国産カロリーが減ったことには触れず、「自給率一パーセント向上」と、あたかも国産が増えたかのように振る舞っている。

品目別に見ると、確かに増産しているものもある。たとえば大豆の生産量は三・五万トン増え、自給率を〇・一パーセント上げるのに貢献したと農水省は説明している。しかし、これは減反によりコメを作る代わりに、農家が税金をあてに大豆を作ったからだ。その証拠に、コメの供給カロリーは減少している。

ただし、一九六〇年からの供給カロリーを見ると、全体的には増加傾向にあるのが分かる（〈図表7〉参照）。

スーパーには溢れんばかりの商品が並び、産地にも原材料が山のようにある。摂取カロリーの減少とは対照的に、供給カロリーが増加している背景には、年間廃棄量一九〇〇万トンという現実がある。揚げ油のような廃棄比率の高い油脂類も供給カロリーに含まれており、それらは分母の一五パーセントも占めている。

廃棄量を可能な限り減らす、または再利用する取り組みは大切だ。しかし、廃棄は絶対になくならないだろう。日本を含む先進国の国民は高い所得水準にあり、商品を選ぶ自由がある。そこに付加価値の高い新商品をどんどん出し、選択を迫るのが、農家や食品メーカー、食品流通業者のビジネスなのだ。先進国において、供給が消費よりも大きく過剰になるのは避けられない。

一方、〈図表8〉に見られるように、摂取カロリーが全体的に減っている背景には、日本が本格的に少子高齢化社会を迎えたことが挙げられる。国民の大半が高齢者となれば、今後も摂取カロリーが減るのは必定《ひつじょう》である。

また、かつては農業など肉体を使う第一次産業の従事者が大半だったが、現在は第二次、第三次産業の従事者が圧倒的多数。あまり体を使わなくなった、つまり日常的に消費するカロリーが減ったために、摂取するカロリーも減少。しかもここ数年はダイエットや健康志向の食生活が流行《はや》り、あえて高カロリーの食事を取らなくなってきている。

分母は社会構造の変化により減り続け、国産の供給能力は減反などの規制がなければ増え続ける。つまり、自給率は何もしなくても少しずつだが上がっていく。もしくは時代の変化に応じて、高カロリーのコメや大豆を作っている農家が低カロリーの作物にシフトすれば、自給率は横ばいか下がることになる。こうした大きな流れを無視し、「自給率一パーセント

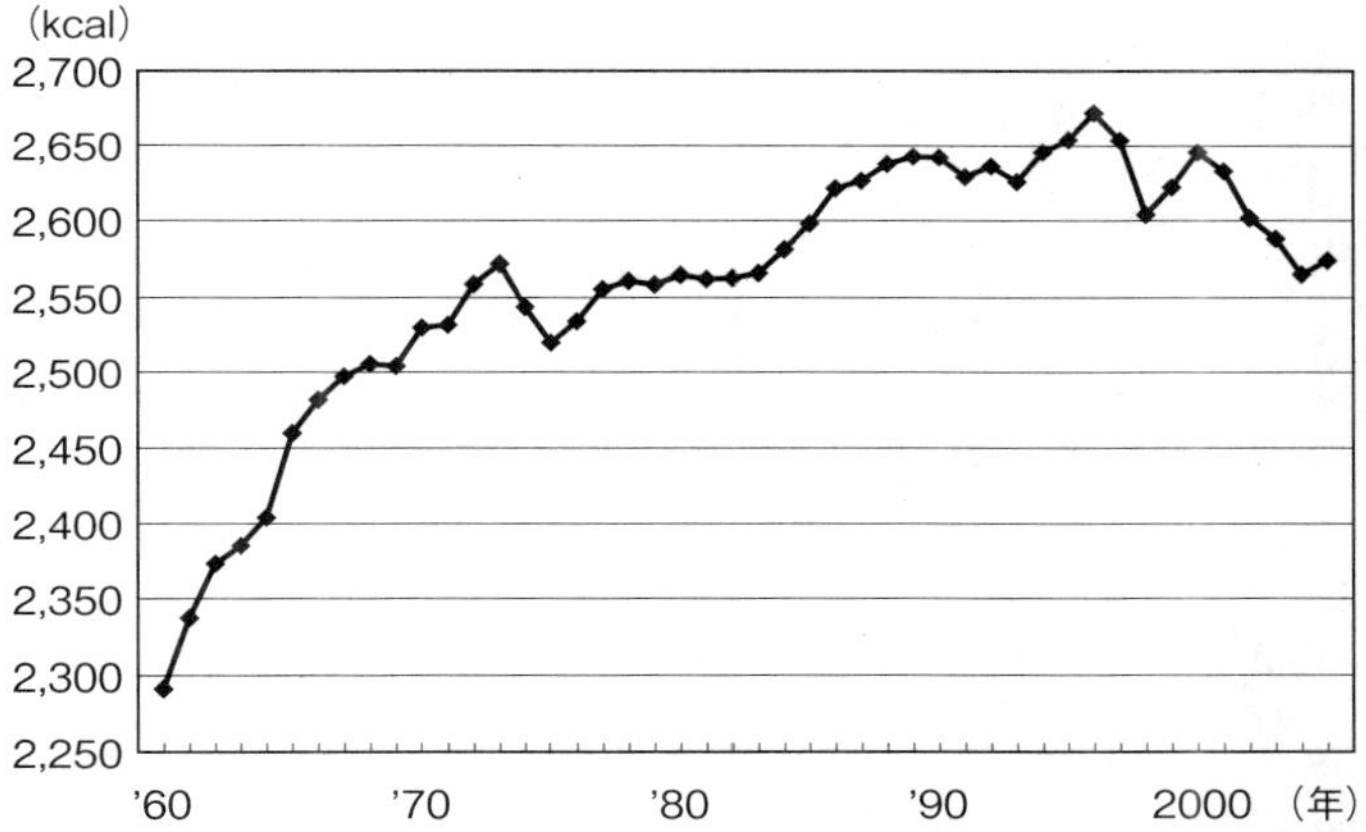

図表7 国民1人1日当たりの供給カロリー

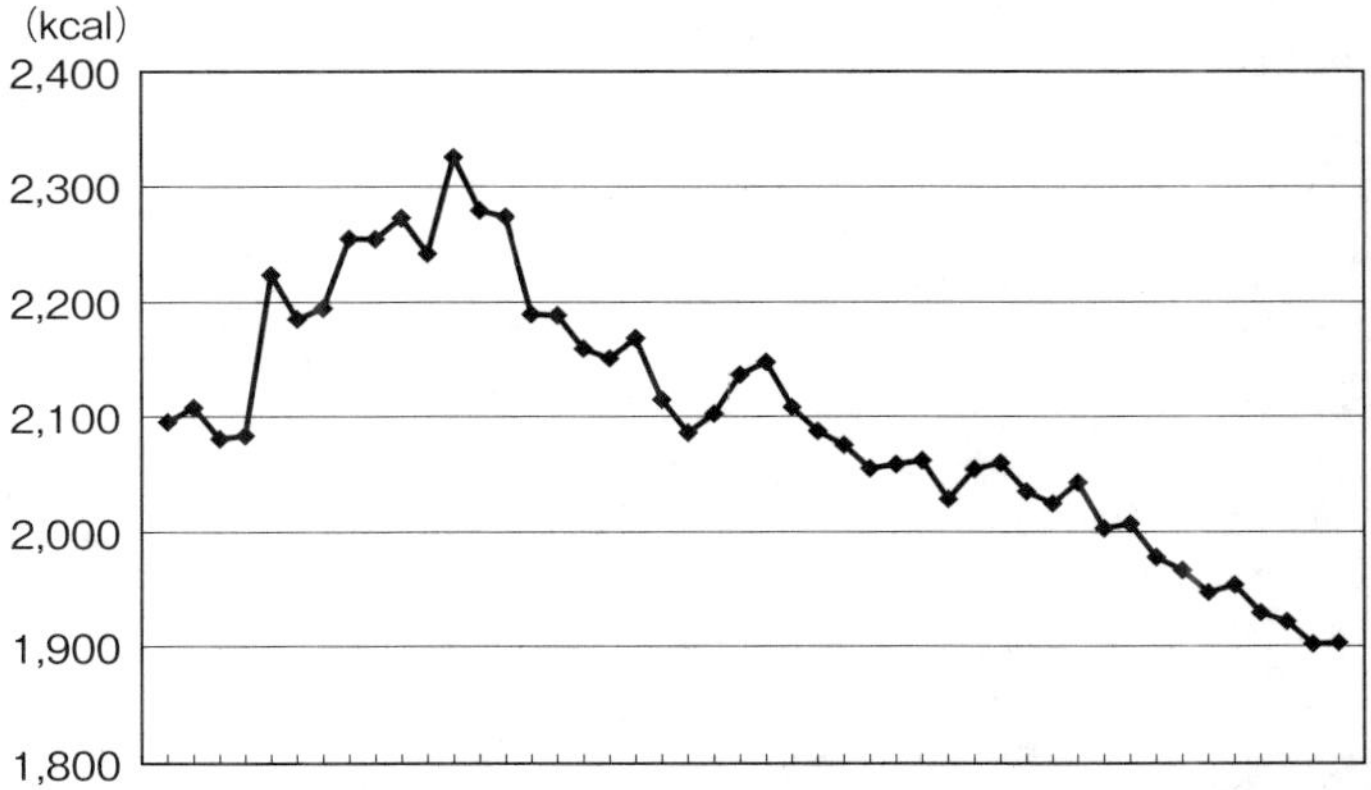

図表8 国民1人1日当たりの摂取カロリー

※出典：農林水産省の資料を基に筆者作成

向上！」と拍手喝采することには、何の意味もないのである。

自給率向上政策の被害者

自給率が伝播《でんぱ》する思想は、そのイカサマもさることながら、生産者と消費者、この両者の健全な関係のなかに国家を入り込ませるところに恐ろしさがある。なかでも農業経営者にとって切実なのが、自給率向上政策による実際の経営被害だ。ある農業経営者から、こんな声が届いている。

「頼むから国に僕らの商売の邪魔をさせないようにしてほしい。長年、生産調整させられた挙げ句、残った面積で昨年は飼料米、来年からは米粉を作らないといけなくなった。これでは注文をもらっている業者へのコメが足りない。しかも、販促して消費者顧客を増やしたばかり。昔からのお客さんが『美味しくて安いから』と、友達をたくさん紹介してくれたというのに。このままでは、せっかくうちのコメを指名してくださったのに、お客さんの期待に応えられない。販促経費もムダになった。それもこれも、自給率政策のせいだ」

断っておくが、自給率向上のためと国が謳《うた》う飼料米や米粉の作付けは強制ではない。しかし、地元の農地を集めて事業拡大を図る彼は、地域の信頼を勝ち得るため、国や農協が進める政策に率先して協力しなければならない状況に置かれているのだ。協力しないからといって直接ペナルティがあるわけではないが、農村社会で着実に農地拡大を進めるには、地元の信頼は絶対不可欠なのである。

いいコメを作り、販売努力をして常に新しいお客さんを開拓する。規模拡大や生産性向上を実行し、いいモノを適正な価格で提供して、適正な利益を得る。彼がやりたいのはそれだけだ。彼のおコメが美味しくて、値段も手頃であればお客さんが食べる量もついつい増えるだろう。口コミでお客も広がる。それが正しいコメの消費拡大であり、自給率向上である。それを、自給率向上の目玉と銘打った国策が妨げている。

被害を受けているのは農家だけではない。家計における食費の割合を示す、高いほど生活が苦しいといわれるエンゲル係数は、およそ二三パーセント。これはほかの先進国に比べて頭一つ抜けて高い。この数字は、高関税に守られたコメと、政府の価格統制下にある小麦の値段が高いことが大きな要因である。

食料安全保障を目的にした自給率政策の、第一の受益者であるはずの国民が被害を受けている。とくに低所得者層は高い食費に影響を受けやすく、その他のモノやサービスの購買力を減少させてしまう。社会的弱者にとっては生活を直撃する問題なのだ。

また、食品流通、加工、輸出業者は、国際価格と連動しない価格により経営的な打撃を受ける。高い仕入れ原価に耐え切れず、海外に拠点を移し、日本に再輸出せざるを得ない。つまり、日本の雇用や資本を海外に流出させる結果を招いている。

このように、自給率の論理がさらに幅を利かせていけば、国民も農家も経済界も、ますます自給率政策の被害者でしかなくなるのだ。

知らずに増える国民のコスト負担

自給率向上が国策であり、数値目標がある以上、政府、農水省はそのコストとメリットを国民に明らかにする義務がある。なぜなら、そのコストとは国民の税金なのだから。しかし、農水省の公式見解は曖昧《あいまい》さを残したままだ。

農水省食料安全保障課に対し、自給率が二〇一五年に四五パーセントになると国民にとってどんなメリットがあるのか質問したところ、「食料自給率が向上すれば、国民の安心度が高まると考えられる」との回答を得られた。

「考えられる」程度のメリットで莫大なコスト（三〇二五億円。二〇〇九年度の食料自給率向上に向けた総合対策予算）をどう説明するというのか。その点を問いただすと、

「基本法において、食料自給率目標については、生産、消費それぞれの面での課題が解決された場合に実現される目標値として定められている。この目標を達成するための政府のコストについては、関係者がそれぞれどれだけ努力するかによる面もあり示していない」とい

う。

要するに、自給率向上のコスト、メリットの双方とも農水省は示せないというのだ。

そこで家畜に食べさせるコメ、いわゆる飼料米の自給率向上予算を例に、牛肉における国民のコスト負担を試算してみた。

肉一キログラムを作る場合、牛肉ならば十数倍の飼料が必要となる。つまり十数キログラムの飼料を牛に食べさせて一キログラムの肉ができる。

国は水田で飼料用のコメを作った農家に、一〇アール当たり八万円の補助金を支給している。仮に反収（約一〇アール当たりの収穫量）を一〇俵で試算すると、税金八万円を投じた生産量は六〇〇キログラム。八万円を六〇〇キログラムで割ると、飼料米一キログラム当たりの税金投入額が一三三円。これに和牛一キログラム作るのに必要な穀物量（ここでは一二キログラムで試算）をかけると、約一六〇〇円となる。つまり、国民は牛肉一キログラム当たり約一六〇〇円を負担していることになるのだ。

家計を切り詰めるため食べたい肉を買い控えている人までが、知らないうちにこの負担を引き受けているのである。

先にも触れたが、畜産物は国産飼料を食べて育った肉だけが国産カロリーとしてカウントされ、自給率に反映される。現在はトウモロコシなどの輸入飼料を使っている畜産農家が圧倒的に多いため、彼らが国産飼料に切り替えれば自給率は上がる。つまり、自給率向上を隠れ蓑に、農水省は国民の財布から一六〇〇円を抜き取っているといっていい。

二〇〇九年、飼料米などを増産するために一五七二億円の補助金が計上された。しかし、それだけの税金をつぎ込んで作られる飼料は、国内の家畜が食べるわずか数週間分の量にしかならない。実現可能性は別として、もしも税金負担のない飼料輸入をストップし、全量を国産で賄《まかな》うとすると、新たな税金負担は三兆三〇〇〇億円にもなる。

そもそも大量に穀物を使う肉食は贅沢な食文化である。食料供給の逼迫《ひっぱく》を主張しながら、上げようとしているのは飽食の自給率だ。本当に食料を買うお金のない最貧国の人が、この話を聞けば卒倒するだろう。自給率の名の下《もと》に、「家畜のエサに巨万の富を浪費する日本は罰当たりな国」（バングラデシュの農業団体幹部）と罵《のの》られても当然なのだ。

そんな偽りの自給率向上のために「国民の税負担は増える」という基本的な説明さえ農水省はしていないし、口が裂けてもするはずがない。そんなことをすれば、自給率政策に批判的な意見が増し、省の予算が取りづらくなるのだから。

リスクが高すぎる飼料米の生産

なぜ多くの畜産農家が輸入トウモロコシを使っているかといえば、日本の飼料に比べて安価で、おまけに質が良いからである。

価格が高騰したとはいえ、輸入トウモロコシは一キログラム約三〇円。対する国産の飼料米は、コストだけで六倍超の二〇〇円弱もし、その差額が補助金で埋められる。正味の価格の面でいえば、どちらを使うか悩む必要などないだろう。また、その差は農業の規模の問題だけではない。面積当たりのエネルギー価値からも、家畜の摂取栄養価からも、トウモロコシに勝る作物が地球上に存在しないためである。

国産畜産物の価格と品質が現在の水準を維持できているのは、世界的に競争力のある飼料、つまり安くて品質の良いエサを輸入できているからだ。昔の日本では、たとえば「残飯養豚」のように、人間の食べ残しや山から刈ってきた草などを与える飼育法があった。この飼育法の難点は、飼料の調達が不安定なほか、毎回食べさせるものが違うため、肉質にバラつきが出てしまう、また衛生面での管理が大変な点にあった。

現在使われている飼料は、自家生産の牧草やデントコーン（青刈りトウモロコシ）などの粗《そ》飼料《しりょう》に、トウモロコシや大麦など輸入の濃厚飼料を混ぜた配合飼料が一般的だ。これは肉牛や乳牛など用途に合わせて、十分な栄養を与え、商品価値を高めるために最適な割合で配合するもの。畜産農家は安定して上質の肉を安価で供給できるようになり、「やはり国産の牛肉は美味しい」などと舌鼓《したつづみ》を打ちながら我々が食べている肉は、大半が輸入飼料をエサにしている。

これは世界的に確立されているサプライチェーン（供給連鎖）のなかで、安くて高品質な飼料を日本が輸入できているおかげである。

もちろん海外に負けない高品質の飼料を安定的、かつ経済的に作れる農家が出てくれば、畜産農家も喜んでそちらを使うはずだ。地元の飼料を使った地元の畜産物のブランド化にも寄与するだろう。しかし、政府が税金を大量投入して無理やり国産飼料米を増産し、家畜に食べさせようとするのは理に適《かな》わない。

むしろ、輸入飼料をやめて無理やり増産した国産の飼料米を使うことは、畜産農家にとってリスクが高い。彼らはこれまで約二五〇〇億円をかけて、一六〇〇万トンの米国産トウモロコシを飼料として輸入してきた。仮に、国の補塡で国産飼料米が米国産トウモロコシより安く提供されるようになったとしても、おそらく畜産農家がすぐに飼料米を使うことはないだろう。

なぜかといえば、飼料米を作る農家は作りたくて作っているわけではないからだ。畜産農家に頼まれて作っているわけでもない。国の減反政策に従い、補助金がもらえるから作っているのである。そのため、補助金が廃止されれば飼料米を作らなくなる公算が高い。プロの畜産農家はその背景を熟知しているから、突然エサが手に入らなくなるリスクを負ってまで、国産の飼料米に切り替えるわけがない。

それに、一度米国との取引をやめてしまうと、米国のトウモロコシ農家はそれまで日本向けに作っていた生産量を減らすか、別の国に売るようになるはずだ。それをまた、「日本のエサがなくなったから作ってほしい」と頼んでも、すぐに増産できるものでもない。何より、ビジネスにとってもっとも大切な信頼関係が崩れてしまうではないか。

さらには味の面でも不安がある。トウモロコシとコメは別成分の食物。トウモロコシや配合飼料を食べて育った牛と、コメを食べて育った牛では味に違いが出てしまい、今までとは別の商品になってしまう。風味を変えて差別化を図るといった戦略もごく一部で可能だろうが、味が消費者に受け入れられなくなる可能性も否定できない。

結局のところ、現状では国産の飼料米はほとんど誰も求めていない。需要のないコメの増産に、国民の税金を投入するほど愚かな政策はないのだ。

農家の思考力を奪う補助金

私は国の補助金や交付金がすべて悪いというつもりはない。ただ、補助金はあくまで経営として成立する事業のインフラ整備や研究開発、新しい市場の調査に最低限、出されるべきである。補助金なしでは成り立たない事業にいくら出しても、それは「死に金」以外の何ものでもない。ところが現実は、自給率の数字合わせのために、原価割れの赤字作物に多額の補助金が費やされている。

たとえば自給率の低い小麦や大豆を作付けすると、農家には転作奨励金という補助金が支給される。小麦や大豆を作るだけで収入が得られるため、単収（単位面積当たりの収穫量）や品質の向上に真剣に取り組まない農家が増加している。

とくに小麦の品質は圧倒的に外国産に劣っている。「国産小麦はパスタさえろくに作れない代物。外国産の半値でも買いたくない」というのが、小麦を扱う業者の共通認識である。讃岐うどんでさえ、九五パーセントがオーストラリア産小麦を使用しているほどだ。生産者価格が六倍以上するにもかかわらず、品質が極めて低いということを、農水省と農業団体は公式に認めている。

税金投入による国民の負担が増えるほどダメ農家が増え、国産小麦や大豆の世界的な競争力は逆にどんどん下がっていったのである。

単収も少ない。二〇〇七年の国産小麦の単収は、一ヘクタール当たり三・二トン。これは英国の六トンに遠く及ばないのみならず、サウジアラビアよりも一・二トン少なく、ジンバブエの半分しかない。日本はアフリカの発展途上国よりも小麦が取れていないのである。三トンの中国に抜かれるのも時間の問題だ。

また単収の伸びも圧倒的に少ない。一九七七年と比較すると、サウジアラビアはこの三〇年で二・七トン、ジンバブエは一・九トンの増収に成功している。一方、日本はわずか〇・四トンしか増収できていないのだ。

日本の単収が伸びない理由は単純だ。毎年安定した収穫が見込めなくても、転作奨励金がもらえる。品質を向上させ、農地を拡大して収穫量を増やし、市場規模を広げていくという真っ当な経営努力をしなくても、一定の収入が確保できるからだ。そのため、小麦の栽培に適さない地域でも無理に作付けし、管理も収穫もしない「捨て作り」もあとを絶たない。完全なモラルハザードである。

これまで累計七兆円もの転作奨励金を使い、コメの代わりに小麦や大豆を作らせてきた結果がこれだ。まやかしの自給率向上スローガンがもたらすものは、経営努力を放棄したダメ農家と、品質が悪くて誰にも相手にされない在庫の山である。

税金の無駄であること以上に、この政策の罪は農家の考える力を奪うことだ。作物を指定する補助金がなければ、数十万戸という農家が「何を作るべきか」「誰が買ってくれるか」を考え、行動し、結果を出すという無数の経営判断を積み重ねていったはずである。その結果、多くの新商品が生まれ、我々の食生活が豊かになり、失敗もあろうが努力した農家はもっと報われていたはずだ。その機会を失わせるのが、国の補助金による特定作物への画一的な生産誘導である。

他国の農場が小麦の単収を伸ばせたのは、国から何かがもらえたからではなく、マーケットにおける自分の価値を高めていったからだ。それは生き残りをかけて生産性を向上させ、顧客ターゲットや品質基準を明確にし、「顧客が求める最良のモノを安く作り、買ってもらう」というビジネスの基本で勝負してきたからである。

補助金支給は環境破壊の元凶

自給率向上政策にともなう補助金の支給が広範囲に及ぶと、自然環境にも大きな負荷を与えることになる。なぜなら、農家は努力しなくてもお金がもらえるのであれば、できるだけラクをして生産しようと考えるからだ。

そのため農薬や肥料の使用量が増え、トラクターやコンバインなどの農機も効率を度外視してどんどん使用する。どれだけ高価な農薬を使おうが、燃費の悪いトラクターで二酸化炭素をまき散らそうが、環境への影響など考えはしない。

日本では兼業農家が専業農家よりも圧倒的に多い。また、昨今の農業ブームに見られるように、趣味の範囲で野菜などを栽培している人も大勢いる。

もちろんそれも結構だ。だが、誤解を恐れずにいえば、農業をビジネスとしてとらえていない彼らを「疑似農家」と呼び、プロの専業農家とは区別して考えたい。なぜなら、マーケットが何を求めているか、何をどう作れば売れるのかといった顧客視点でモノを作り、生計を立てるのがプロだからだ。

一般的な認識では、耕作面積が広いプロの大規模農家のほうが人手が足りず、農薬や肥料に頼っていると思われがちだ。だが、プロの大規模農家は、低い生産コストで質の良い作物をたくさん作り、売ることで利益が出せるので、農薬や肥料などコストアップにつながるものはできるだけ使わないように努めており、結果として環境へ与える負荷も少なくなっている。

それにプロの農家はしっかりとした農薬の知識があり、適切な使用法を心得ている。疑似農家が乏しい知識で農薬や化学肥料を使用することは、環境破壊だけでなく、消費者に対する食のリスクを高める可能性もあるだろう。

また日本のコンバイン台数は九七万台で、米国の四一万台、中国の四〇万台に倍以上の差をつけた断トツの世界一である。トラクターの一九一万台も米国に次ぐ二位で、農地面積の違いを考慮すれば、日本中に農機が溢れているといってもいいほどの台数になる。実際に農地面積当たりのエネルギー投入量は世界一だ。

裏を返せば、作業効率の悪い疑似農家が多いといえる。一年間でそれらの農機を使用するのは実質二週間程度でしかないが、各農家がそれぞれに所有しているのだ。農機を製造するにも大量の鉄や石油が必要なので、もっと効率良く活用できれば、環境にも優しいではないか。

民主党が推進する農業衰退化計画

民主党、鳩山由紀夫《はとやまゆきお》政権が推し進める自給率向上政策は、「自給率を一〇年後に五〇パーセント、二〇年後に六〇パーセントにし、最終的には完全自給を目指す」と威勢がいい。その目標達成のための目玉政策が、二〇一一年から年間一兆四〇〇〇億円の税金を投入するという「戸別所得補償制度」である。

結論からいうと、この政策は経済政策でも社会政策でもなく、税金のバラマキですらない。国民の税金一兆円超をドブに捨てる「農業の衰退化計画」だ。

戸別所得補償制度の目的は、その名の通り農家世帯の所得について国が面倒をみることにある。中身を要約すると、「コメや麦、大豆など自給率向上に寄与し、販売価格が生産費を下回る農作物を作っている農家に、その差額を補塡する」ということだ。販売価格と生産費の差額とは、赤字額のことである。

この民主党の政策は、農家の無能さ、生産性の低さを前提としている。黒字を目指す当たり前の事業のあり方を否定し、むしろ赤字を奨励しているのだ。いまだかつて、これほど人間の努力とリターンに逆進性のある制度は存在しなかったのではないか。

この制度下では、農家は生産数量を自由に決めることができない。決めるのは市町村である。つまり、何を作るか（生産）は「政府」が管理し、どれだけ作るか（数量）は「行政」が計画する。生産目標達成への、ひいては自給率目標達成への努力義務は、行政に課せられることとなる。生産活動の主体は行政であり、農家の仕事はといえば、政府・行政の決定の下、田畑を耕し、販売して、赤字を出すことでしかない。

それでは各農家の赤字額はどのように調べるのか。現状の農業者戸別所得補償法案では、「標準的な面積単価（農水大臣の定める標準的な販売価格－標準的な生産費）×生産面積」となっている。標準的とは、つまり対象となる農家全体の平均赤字を計算するということだ。

ただし、ほとんどの零細農家は帳簿さえつけておらず、コストがどうなっているかなど自分たちでも分からない。平均を取るにしても、誰を母集団に入れるかで補償額は大幅に変わってしまう。対象に赤字農家が多いほど補償額が増えるわけだから、そこに何かしらの不正圧力がかかる可能性も考えられる。

戸別所得補償制度は経済成長の志向とは無縁であり、自給率さえ上がればいいという愚策だ。民主党にとって、農家は自給率向上のために働く労働者でしかなく、農家の奴隷根性を最大限誘発し、日本の農業界を赤字まみれのダメ農家で埋め尽くそうとしているのである。こんなトンデモ法案が民主党の野党時代、二〇〇七年一一月に「良識の府」参議院で可決されているのだ（のちに衆議院で否決）。

この制度は、その後の政権交代のどさくさに紛れて、国会での議論も法制化もまったく経ないまま、「戸別所得補償モデル対策」と称して、二〇一〇年度予算で五六一八億円が計上された。

黒字の優良農家が消える日

戸別所得補償モデル対策の対象農家数は、コメを例に挙げると一八〇万戸ほど。そのうちの半数以上に当たる一〇〇万戸が一ヘクタール未満の農家で、農業所得は数万円からマイナス一〇万円程度である。これでは食べていけるはずがない。だからといって、「赤字農家が一〇〇万戸もある！　急いで補償しなければ！」という論は通じない。

なぜなら、彼らの総所得は平均で五〇〇万円前後あるからだ。彼らの多くは役所や農協、一般企業で働いている地方の農地持ちサラリーマンであり、総所得に占める農業所得の割合は一パーセント未満かマイナス。赤字農家というよりも、週末を利用してもっとも生産コストの高いコメや野菜を、自家用やおすそ分け用に耕作するのが趣味の疑似農家だ。むしろ、スケールの大きい家庭菜園がついた一戸建てに住む、日本でもっとも贅沢な階層といってもいいだろう。彼らに一兆円超の税金の大半が配分されることを、ほとんどの国民は説明されていない。

民主党は、「自民党は大規模農家を優遇して農業をダメにした。民主党の所得補償は自給率を高め、零細農家を救うための農家限定『定額給付金』だ」と主張する。民主党の試算例によれば、一ヘクタールで最大九五万円が補償される。しかし、一ヘクタールで生産できるコメは、わずか二〇世帯分の消費量。一ヘクタールにかかる農作業時間も、サラリーマンの労働時間に換算すれば、一年のうちの一、二週間にすぎない。

これらの疑似農家は、農業だけでは食えないから兼業しているのではなく、そもそも農業で食おうとしていない。ある特定の職業、おまけにその職業で食っているとはいえない人々に所得補償することは、たとえ合法だとしても、その効果ははなはだ疑わしい。

疑似農家に税金を配っても、農業で食べているわけではないのでポケットに入れて終わり。消費者のために美味しいものを作る、または安く作るために生産性を高めようという前向きな投資には回らない。せいぜい小規模の趣味用田植え機やコンバインなどの農業機械、肥料、農薬が売れるだけである。

疑似農家の多くが作るのは自家用であり、売って儲けるための作物ではない。つまり、所得補償は売れない農作物を大量に生産させ、在庫の山を築くのみであり、すでに増産分を消費者が買わないことを想定して、民主党は国家の買い上げ枠を増やす法整備に余念がない。国家備蓄の上限を、現在の水準の三倍に当たる三〇〇万トンまで増やすことを目指している。

民主党がしきりと喧伝《けんでん》する零細農家と大規模農家の対立構造も、まったく無意味である。大規模農家は何もラクして儲けているわけではない。農業で食べていくために規模を拡大し、零細農家の何十倍も働いているのだ。生産性を向上させ、顧客を開拓し、何とか世間並みに所得の増大を図っているのである。

そこに政治が介入し、疑似農家にウエイトを置いた所得補償を実施するとどうなるか。まず、農地の「貸しはがし」が起こる。専業農家は疑似農家から農地を借り上げ、規模を拡大している。しかし疑似農家は、農地を貸して得られる地代よりも、己が耕作したほうが国の補償で実入りが良いとなれば、専業農家から農地の返還を求めるようになるだろう。

加えて、所得補償により底上げされる農業収入は、専業農家にとって地代・農地価格の上昇を意味する。補償利潤を裏づけに、土地の生産力に比例しない価格が形成されるからだ。専業農家にとって、高い地代は生産コストを上げ収益を低下させる。また新規参入者にとってもコストの引き上げにつながり、参入障壁となる。

さらには、自給率向上のために行政が割り当てる、特定作物の生産数量も専業農家を苦しめるだろう。

日本の農業生産額約八兆円のうち、赤字補塡の対象になるコメは約一兆八〇〇〇億円、小麦は約二九〇億円、大豆は約二四〇億円、三穀物を合わせても二兆円に満たない。つまり、日本農業全体のわずか二割強にすぎず、おまけにその市場は年に二、三パーセント縮小している。

対する補償されない野菜、果樹、花卉《かき》などの生産額は、それぞれ約二兆三〇〇〇億円、約七六〇〇億円、約四〇〇〇億円。その他と合わせて農業市場の半分、四兆円を超える成長市場である。

縮小している二兆円弱の国産穀物市場に、所得補償一兆四〇〇〇億円をぶち込めば、野菜などの成長市場に大きな歪みを与える。ゲタを履かされた疑似農家による、野菜価格のダンピングに拍車がかかるからだ。コメ、麦、大豆生産で得た収入があれば、野菜専業で補助金なしで黒字経営している農家より作った野菜を安く売っても、元が取れるのである。このように疑似農家の赤字補償をすることにより、黒字農家まで赤字に陥るのだ。

悪知恵を働かせる労働組合

さらに問題を深刻にするのは、不労マネー争奪戦に、農水省の労働組合が参戦してくる可能性が高いことだ。

所得補償の制度運用を取り締まる公算の高い組織が、農水省の地方出先機関「農政事務所」である。ここは、民主党の支持母体である農水省職員の労働組合「全農林」の牙城だ。農水省は、一般企業の組合の組織率が二割を切るなか、約九〇パーセントの組織率を誇る組合天国。組合員数は二万二〇〇〇人に上り、そのほとんどが農政事務所に勤務している。

しかも、全農林は数々の問題を起こしてきた労働組合として悪名高い。彼らの不作為によって国民の食を脅《おびや》かした「三笠フーズの事故米問題」、組合運動で仕事を放棄し税金を浪費する「ヤミ専従問題」、田んぼの測量に行くといって経費をネコババする「カラ出張問題」など、挙げればキリがない。二〇〇九年一〇月には、農水省が使わずに隠し持っていた国庫補助金、いわゆる「埋蔵金」三五〇億円を返納しろと、会計検査院から求められる異例の事態も起きている。

それも、ごく一部の職員だけが不正に手を染めているわけではない。二〇〇九年七月にヤミ専従問題で処分された組合員は、何と一二三七人。これほど組織的な犯罪が常習的に行われているのである。しかも、処分された組合員のなかには、農水省の仕事をせず、金融機関の役員などを兼任していた職員が三七三人もいた。

ヤミ専従問題のお詫び会見で農水省がした弁明は、「出先機関（農政事務所）では、違法か合法かの判別がつかなくなっていた」（秘書課長）という耳を疑うものだった。所得補償制度が施行されれば、国民の血税一兆円が、こうした違法と合法の区別もつかない労働組合職員に掌握されてしまう。

また、不労マネー一兆円争奪戦の「取締役」が全農林だとすれば、その「監査役」が全日本自治団体労働組合、通称「自治労」である。

所得補償の対象農家は、まやかしの自給率目標を達成するために、市町村が定める生産数量に従う農家だけにしぼられる。つまり、所得補償のさじ加減を現場で決めるのは地方公務員ということになる。農家の将来は公務員の監視の下、赤字補塡の慈悲に委ねられるわけだ。

自民党農政は、減反政策によって公務員の無駄な仕事を作り出してきた。過去四〇年間、田植えを「本当にしていないかどうか」チェックするためだけに、何万人もの農政課職員が全国津々浦々、何百万枚もある水田を見回ってきた。

そして民主党政権になり、今度は「本当に赤字かどうか」帳簿をめくり返す仕事が与えられる。さらには所得補償の対象になるコメ、小麦、大豆などを、指定面積通りに「本当に作っているかどうか」の確認作業が加わり、減反政策の数十倍の仕事量になるのではないだろうか。これが法律上、公務扱いとされる。

このあまりにも不毛な仕事は、実際は何もしなくても一般国民に直接的な不利益はもたらさない。そのため、彼らは仕事などしなくなるだろう。そして、暇すぎるがゆえに悪知恵も生まれやすい。これまでの補助金は農協経由で各農家に支払われるのが主体だったが、今度の一兆四〇〇〇億円は役所から農家への直接支払いである。安易に勘繰《かんぐ》りたくはないが、不正経理による公務員の裏金作りに悪用されてしまうのではないか。

なぜ民主党幹部は、この手の惰眠《だみん》を貪《むさぼ》る仕事をたくみに作り出すのか。その理由は、自治労という安定した支持母体集団に対する、媚《こ》びへつらい以外の何ものでもない。

自給率向上は票田獲得の手段

民主党の政策を支持する一般国民がいるとすれば、それは自分たちが将来食べるもののためには、赤字の農家を保護するのも仕方がないというあきらめの心からだろう。しかし、そういった人たちは、志を高く持ち、顧客ニーズに応えることで黒字経営を達成している農家が存在する事実を知らない。一方で、この不況下、どの業界も大変なのだから農家だけが所得を補償されるのはおかしいという意見もある。もっともな意見だろう。

これに対し民主党は、「EU諸国が自給率向上に成功したのは、農家への直接支払いによる所得補償の賜物《たまもの》だから、日本でも導入すべきなのだ」と、もっともらしい説明をする。騙されてはいけない。EUと民主党の補償制度はまったくの別物だ。

小麦を例に概略を説明しよう。EUでは、農地の面積当たりで計算して補償がなされ、一ヘクタール当たりの補償額は約五万円。二〇ヘクタールの農地を持つ農家でも、年間約一〇〇万円程度の補償である。

EUの直接支払いの根本は、独立独歩で経営し、本業として働いている農家に向けられており、安く売るか高く売れるか、コストを抑えられたかどうか、個人の力の差が現れるものとなっている。ベースが黒字経営、すなわち自力で最低限の所得を生み出す力のある農家に対して、所得の底支えをしているのである。

一方、民主党案では、補償は生産コストに対してなされる。日本で小麦を生産する際の平均的なコストは、一ヘクタールで約六〇万円だが、できた小麦は約六万円にしかならない。民主党は、この差額分、約五四万円の赤字を丸々補償するというのである。たった一ヘクタールで、EUのおよそ一一ヘクタール分に当たる五四万円が補償されるのだから、労働量から比較してもEUより法外に厚遇なのが分かるだろう。

なぜ民主党は疑似農家の赤字を奨励するのみならず、農業で生計を立てている黒字農家の成長を妨げるような制度を作ろうとしているのか。実は、農業界全体を弱体化させることこそが、民主党の狙いなのである。農業が弱くなればなるほど、農家の政治依存、民主党支持が高まるからだ。事実、二〇〇七年の参院選直前に小沢一郎《おざわいちろう》代表（現・幹事長）が、「選挙で勝つためには分かりやすい『所得補償』に政策名を変えろ」と指示した経緯がある。一〇〇万戸に上る疑似農家の家族や親類縁者を含めれば、農家は五〇〇万票を超える大票田になる。小選挙区制となり、都市部と比べて一票の価値が二倍、三倍もある地方では一大勢力であり、民主党が、こうした疑似農家層を所得補償の対象にした理由がここにあるのだ。

誤解のないようにいっておくが、疑似農家、専業農家のどちらも悪いわけではない。罪は、こうした歪《いびつ》な政策を打ち、見せ金で農家を翻弄する民主党にある。

「黒字化優遇制度」の創設を

私はここで、民主党案に代わる黒字奨励策を提案したい。名づけて「農業者戸別黒字化優遇制度」だ。

どうせ補助金を出すのなら、対象を現在黒字か黒字を目指している農家に限定する。そし

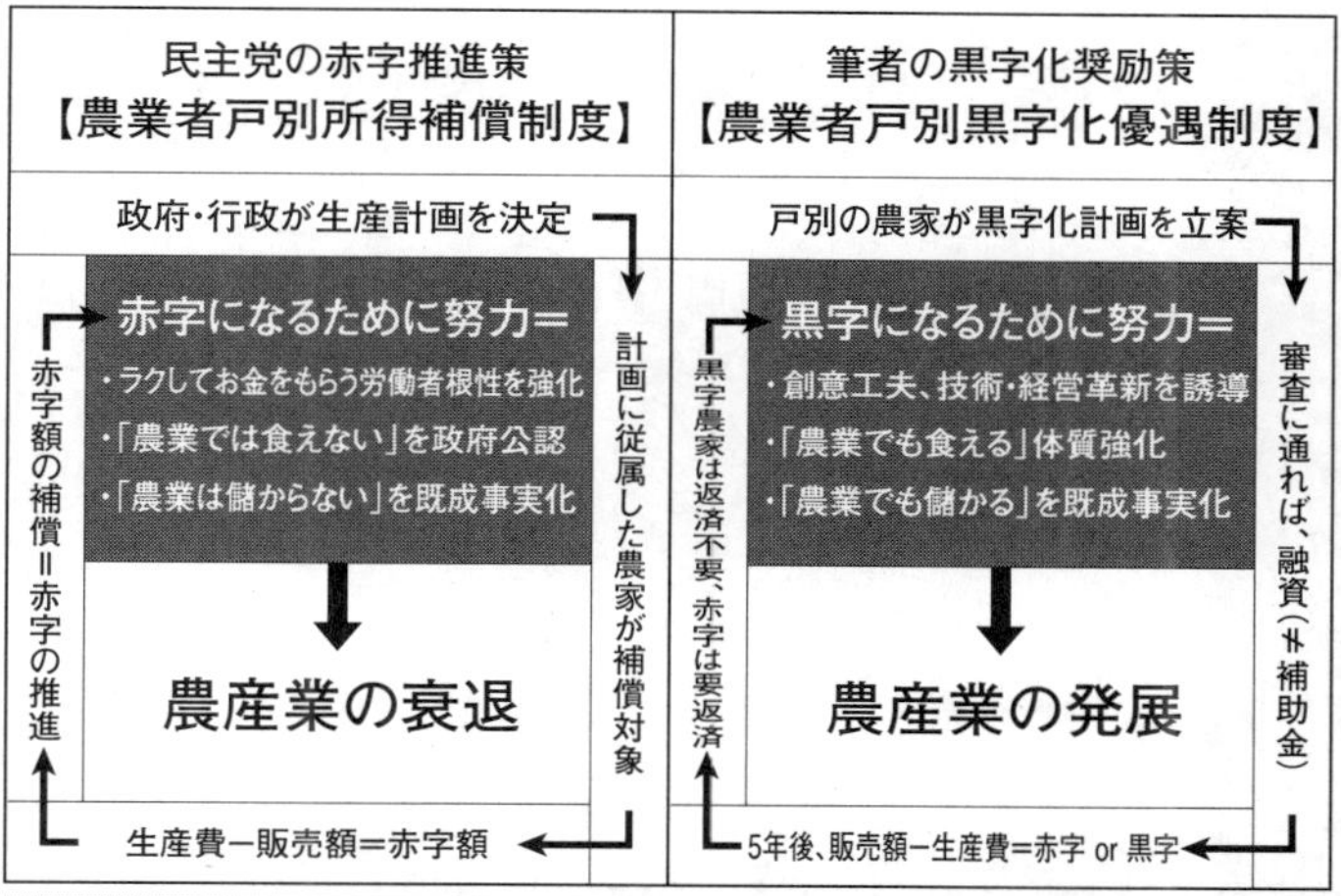

図表9　民主党案と筆者案の違い

て、交付方法を助成金から融資に切り替え、明確な黒字経営計画を提出した農家にのみ融資するのだ。規模の大小も、経営の形態や作物の種類も問わない。国内・海外どこで作り、どこに売っても構わず、需要と供給はメーカーである農家が考える。そして金額も、計画に沿って必要な額を、それぞれが申請する。

　融資の返済期限をたとえば五年に設定し、五年目の時点で黒字化に成功すれば全額返済免除、さらには期間中の利益もすべて免税とする。一方で、赤字農家はもちろん全額返済しなければならない。黒字化が遅ければ遅いほど利率が上昇するといった、厳しい条件をつけてもいいかもしれない。

　こうすると何が起こるか。各農家が真剣に

事業プランを練り、黒字化達成のために様々な創意工夫を行うようになる。「儲ければ返さなくていい。儲けられなければ返してもらう」といわれれば、誰だって危機感を持って必死になるはずだ。経営努力をして黒字を達成するという、当たり前の業界風土を農業界にも根づかせることができる。

融資の審査は地方銀行や信用金庫、ノンバンク、ゆうちょ銀行など、地域に密着した金融機関に行わせてはどうだろうか。農業は地域産業といわれながら、これまで民間の金融機関は農家に対してほとんど融資をしてこなかった。この政策を機に、農家や農業ビジネスの実際を学んでもらい、地域バンカーとして中長期的に地元の農産業を育成、伸張させていく役割を担ってもらえばいい。

また、「返済しないといけないのなら要らない」という、疑似農家の辞退者を出すことも狙いだ。現在の補助金や所得補償制度では、「もらわないと損」の心理で、必要のない人にまで多額の補助金が支給されていく。この分がなくなれば、黒字化意欲のある農家への割り当てが増やせ、国民が納得いくかたちで農業の成長に向けた支援が行えるのだ。

民主党がなすべきは、赤字農家を増やし、公務員の不労所得をサポートし、票田を確保することではない。健全な産業として、農業が自律的に発展できるような枠組みを整備することである。

第三章　すべては農水省の利益のために

耕作放棄地を問題にするワケ

民主党は票田確保のために、農水省は予算確保のために、農業の弱体化と自給率向上を推し進めている。本章では、現実にある不可解な制度や、到底納得できない主張の実態を見ながら、彼らが権益を守るために使っているロジックを明らかにしていきたい。

日本農業の問題点の一つとして、「農家数が減り、耕作放棄地が増えているから日本農業はこれから衰退する」という主張が、正論のようにまかり通っている点がある。確かに全国の耕作放棄地は、合計すると埼玉県の面積に匹敵するほどの規模にまで膨れ上がっている。しかし、放棄された農地はそもそも需要のない農地であり、実は放棄されたところで何ら問題はない。土地の条件が悪く無理して作付けしても儲からない、または農業以外の産業に従事するようになったという合理的な理由で、所有者が耕作をやめただけである。

この現象は世界中で起こっている。過去一〇年間で日本の農地は七〇万ヘクタール減少したが、フランスでも五四万ヘクタール、イタリアでは一四六万ヘクタール、米国に至っては三七三万ヘクタールも減少。それでも各国の生産量が増えているのは、生産技術が向上し、同じ面積で何倍もの収穫が得られるようになったためである。

むしろ、耕作放棄地の増加にはメリットがある。成長農場が需要増に対応して、耕作放棄地を安く借りられる、または買える機会が増えるからだ。農場の収益も国の税収も地域の雇用も増える。まさに宝の山である。だから、耕作放棄地の増加は放っておけばいい。赤字の疑似農家を保護し放棄地を減らそうという政策は、税金の無駄使いでしかない。

それに、「一度放棄された農地は回復が半永久的に困難」という通論も現実を知らなすぎる。荒地を回復させるには、事業農場が使いこなせる重機があれば十分だ。時代を遡《さかのぼ》れば、今の農地は人手と家畜で開墾された。その何千倍、何万倍もの生産性を誇る現代の機械能力と成長農場の土地改良技術があれば、いつでも甦《よみがえ》る。

それではなぜ、農水省は耕作放棄地を問題にするのか。それは農水省の仕事を増やし、存在意義を世間に示すためである。前述のように合理的に説明すれば、農業に関する問題はなくなってしまう。それでは農水省の仕事がなくなり、ひいては省の予算が削減されてしまうため、「耕作放棄地が増えている。これを減らすのが我々の仕事だ」という大義名分を自ら作っているわけだ。

さらに農水省は、現在でも農地の造成を続けていながら、「減反政策があるからコメは作るな」と主張する矛盾を抱えている。これでは本末転倒である。つまり、耕作放棄地が増えた原因は農水省自身にもあり、その事実を隠すために問題化している面もあるのだ。

なぜそんなことをするのか。行き着くのは、やはり農水省の一兆円の農業土木利権しかない。生産性が向上したという説明はせず、耕作放棄地が増えているというデータを前面に押し出す。自ら問題の種をまいて、自分の仕事と権限を増やしているにすぎないのだ。

小麦の国家貿易でボロ儲け

二〇〇七年から二〇〇八年にかけて、輸入小麦価格の高騰による食料品の値上げが国民の懐を直撃した。価格の上昇を余儀なくされたパン、ラーメン、うどんなど、小麦を原料とする製品の加工業者、店舗の経営にも大きなダメージを与えることとなった。

メディアはその要因として、「国際的な穀物価格高騰が原因」との農水省の発表をそのまま報道。これとセットで、「こういうことが起きることに備え、自給率向上が大切」という同省の主張が繰り返しマスコミ論評で取り上げられた。では、これらは果たして本当か。

二〇〇〇年から二〇〇八年までの国際小麦価格と日本における外国産小麦価格を比較すると、日本の価格は国際価格より二、三倍も割高だ。つまり、日本では一貫して「国際的な穀物価格高騰」とは別次元の高価格が維持されていることになる。だが、小麦を使う企業がわざわざ国際相場と乖離《かいり》した価格で買うはずがない。では、なぜそんなことが起こるのか。

答えはシンプルだ。農水省が自ら小麦価格を高騰、維持させているのである。

建て前上、民間企業は小麦を自由に輸入することができる。しかし農水省の政策に沿って、国は小麦に対して二五〇パーセント（一キロ当たり五五円）という関税を課している。

これは、海外から一トン三万円の小麦を買う場合、税関にその二・五倍の七万五〇〇〇円を支払わなければならないという法外な税率だ。三万円の原料が一〇万五〇〇〇円にもなる。これでは正味の国際価格で原料を調達し、食品を製造する海外メーカーに太刀打ちできるはずがない。

そこで農水省は、「少しは安くするよ」とばかりに、高関税に比べ低価格を提示できる強権的な仕組みを持っている。それが国家貿易だ。

政府はユーザー企業から必要量をヒアリング、商社に国際価格で買いつけさせた小麦をすべて買い取り、無関税で輸入する。その価格に一トン当たり一万七〇〇〇円の国家マージンを乗せて、製粉業者などのユーザー企業に政府売り渡し価格で卸す。つまり、国家が小麦の貿易と国内価格を一元的にコントロールできる仕組みになっているのであり、完全な価格統制としかいいようがない。七万五〇〇〇円と一万七〇〇〇円、どちらを余計に支払うか二者択一を迫られれば、誰もが後者を選ぶしかないだろう。

では、なぜ農水省は企業や国民の負担を増やしてまで、小麦貿易に強制介入する必要があるのか。こちらの答えも単純だ。それは財源と天下り先を確保するためである。

年間の小麦輸入量は約五七〇万トン。それに一トン当たりの国家マージン一万七〇〇〇円を掛ければ、約九六九億円になる。さらには、企業に「契約生産奨励金」という拠出金を一トン当たり一五三〇円上納させている。これは約八七億円にもなる。これを前金で支払わなければ、国は小麦を売ってくれない。締めて約一〇五六億円が農水省の財源になるのだ。

これは、農水省の一般会計予算とは別に計上される特別会計である。農水省のなかでも、これだけの特別会計を持てる部署は、国家貿易を独占する総合食料局食糧部食糧貿易課くらいしかない。だから、「小麦の国家貿易担当は省内ではエリート、有望な天下りコース」と公然と囁《ささや》かれる。そして、主な天下り団体は、特別会計の六一億円を握る「全国米麦改良協会」と、同八五億円の「製粉振興会」の二つだ。

食料安全保障という偽善

「国家貿易の目的は農水省の財源の確保か」

小麦の輸入を統括する食糧部の責任者に、単刀直入に質問したことがある。すると彼は、

「中国やインドなど人口が多い新興国での経済発展にともなう食料需要の増大、米国やブラジルでの小麦に代わるバイオ燃料用作物の生産拡大、オーストラリアの干魃《かんばつ》など気候変動の影響による需給の逼迫《ひっぱく》、生産国であるロシアやアルゼンチンなどの輸出規制の開始・強化などが、国際相場を押し上げる圧力となっている」

と、今回の小麦価格高騰の背景を分析したうえで、財源が必要な理由をこう説明した。

「こうした長期的な国際環境の下、国産小麦の生産を振興し、将来の食料危機に備え、国民の食料安全保障のために自給率を向上させるのがその理由である。国民の九割が自給率向上を支持している。そんな質問をするあなたは新自由主義者か」

「国民の食料安全保障のため」というが、国家貿易を行わず、関税を引き下げていれば、値上げは起きていなかった。仮にEUのように関税率をゼロにし、不可解な上納金を廃止していれば、以前よりむしろ安全保障度を上げることもできたのだ。

そもそも農水省は食料安保の概念を履き違えている。国際社会に共通する食料安保の考え方は、「国民が健康な生活を送るための最低限の栄養を備えているか」「貧困層が買える価格で供給できているか」「不慮の災害時でも食料を安全に供給できるか」の三点である。「将来食料が足りなくなるかもしれない。どうしよう」という漠然とした不安を前提に議論をしている先進国は、日本だけだ。

それでは農水省の主張と事実を比較していこう。

まず、中国とインドの小麦輸入量は以前から伸びており、新興国の需要増大が二〇〇八年に突然起きたものではないことは明らかだ。

次にバイオ燃料の需要拡大だが、それが小麦生産量を本当にどこまで押し下げたかが問題だ。世界のバイオ燃料作物生産の七割を占める米国とブラジルの小麦生産量は、それぞれ六八〇〇万トンと五八〇〇万トン。米国は減るどころか新興国の需要に対応して増産している。

ブラジルは気候的に小麦作に適していないため、従来から小麦の輸入国である。輸入量六五〇〇万トンは世界二位。バイオ燃料作物を増産したから、小麦の生産が減っているわけではまったくない。

オーストラリアの干魃はどうか。干魃が起きたことは事実だが、オーストラリアは基本的に、干魃が起きようが起きまいが、日本の企業が発注した小麦の数量を一〇〇パーセント守っている。

小麦畑に灌漑《かんがい》をすれば干魃は避けられ収穫量もアップするが、それではインフラ投資にお金がかかりすぎて、オーストラリアの小麦農家は国際競争できない。彼らは干魃のリスクを考慮しても、天水《てんすい》（自然の降水）に依存する生産法を採用したほうが、長期的に収益性が確保できるという農業経営を、自ら選択しているだけだ。

それ以前に、オーストラリアが日本に輸出する小麦の大半は、日本人のうどんやラーメン需要と嗜好《しこう》に対して応えるために独自開発した品種だ。仮に日本人がうどんを食べなくなれば、売り先のない小麦である。需給の逼迫どころか、だぶついてしまう。

ロシアとアルゼンチンの輸出規制に対する警戒もおかしい。小麦の輸入を独占してきた農水省は、両国から一度も輸入していない。それに同じ小麦といっても、ロシア産のものは日本人が求める品質にまだ達していないし、アルゼンチンの輸出量は世界全体の五パーセントにすぎない。アルゼンチン国内が不作で輸出制限したところで、日本に影響はない。

世界の小麦生産量は六億五〇〇〇万トン（二〇〇六年）。これはコメ（六億四〇〇〇万トン）と並ぶ、言わずと知れた世界商品である。日本が食用に必要な小麦五二九万トンは、そのわずか〇・八パーセントにすぎない。そして全生産量のうち、二割強の一億二五〇〇万トンが輸出され、その貿易額は一兆九六〇〇億円に上り、もっとも貿易規模が大きい穀物だ。日本人が食べている輸入小麦は、重量ベースで四パーセント、金額ベースで五パーセントを占めるのみである。

そもそも日本が長期にわたって小麦を輸入してきたのは、米国（約三〇〇〇万トン）、カナダ（約一五〇〇万トン）、オーストラリア（約一〇〇〇万トン）の主要三ヵ国である。いずれも日本との友好国であり、お互いに重要な貿易相手国だ。

以上、農水省の裏づけには説得力がないばかりか、国際価格の二、三倍で家計を苦しめている点で、「国民の食料安全保障のため」「将来の食料危機に備えるため」という国家貿易の目的が偽善的であることが理解できよう。そればかりか、輸出国に対して根拠のない不信感を丸出しにする姿勢は、好戦的ですらある。しかし実際は、官の管理を必然と見せかけるための論理を弄《もてあそ》んでいるにすぎず、完全に国益に反しているのだ。

事故米問題で見えた農水省の陰謀

二〇〇八年、三笠フーズを始めとした事故米の不正転売問題が明るみに出るまで、「コメは自給率一〇〇パーセント」だと思っていた方が大半だったのではないか。実際は、海外からも毎年約八〇万トンも輸入しており、これは国内消費量の一〇パーセント近くにも相当する量だ。しかし多くの方は、「コメの供給過剰を防ぐために減反しているのに、なぜ輸入しているのか?」と、疑問に思うはずだ。

日本がコメを輸入しているのは、自由貿易促進のために「例外なき関税化」が決められた、GATTウルグアイラウンド合意(一九九三年)を拒否した代償としてである。日本は長年、WTO交渉の席でコメの輸入には断固反対を貫いていたが、農産物の自由貿易化の流れには逆らえなかった。ただし、牛肉やオレンジなどの輸入を解禁するなか、コメだけは貿易自由化を拒む「関税化の例外措置」を選んだ。その代わり、日本の消費量に対して一定数量の輸入機会を提供する、ミニマム・アクセスというペナルティが科せられたのだ。それが、一九九五年から輸入が開始されたミニマム・アクセス米(MA米)である。

事故米問題の大々的な報道により、輸入米は品質が悪く、農薬に汚染されているものばかりだと思われがちだ。しかし実際に輸入されているのは、農水省の規格をクリアした米国やタイ、中国の一等米である。ところが輸入後、長期間の保管によってカビが生えるなどすると、食用に適さないと判断されて事故米として扱われ、工業用や家畜のエサに回される。国産米でも同様の問題があれば事故米である。

三笠フーズが問題視されたのは、事故米を安く仕入れ、食用として高く売っていたからである。工業用として仕入れたコメを、米菓や焼酎用として売れば七倍、通常の食用ならば三五倍から四〇倍もの高値で売れる。何よりも、人体に危害を与える可能性のある事故米を、不正な利益を得るために転売していた罪は重い。

しかしなぜ、カビの生えたコメや農薬に汚染されたコメが大量に存在したのか。ここに農水省の思惑が隠されている。

日本は長いあいだ、戦後の配給制度からの名残《なごり》で、農家が作ったコメはすべて国が買い上げていた。その根拠となっていた法律が、「食糧の生産、流通、消費にわたって政府が介入、管理する」という主旨の食糧管理法である。

これによって、コメを管理する食糧庁があり、その出先機関として各地に食糧事務所が設けられていた。農家はコメを生産するだけで売ってはいけなかったし、国民も米穀配給通帳（米穀手帳）がなければコメを買うことができない。米穀配給通帳は一九八一年に廃止されたが、食糧管理法は一九九五年まで続いていた。

何と、一九九一年にソビエト連邦が崩壊したあとも、日本ではコメに関しては社会主義的統制が行われていたのである。二万数千人いる農水職員のうち、一万人が食糧事務所の職員だった。

しかし、食糧管理法および食糧庁が廃止されたため、これまでコメの生産・流通・消費に対して強権を振りかざしてきた、彼らの権限と仕事がなくなってしまった。そこで、農政事務所に名前を変えた旧食糧事務所は、MA米に目をつけたのである。

MA米が「国内の自給や生産に影響を与えない」と閣議決定されていることを盾に、「MA米が市場に溢れては国産米が値崩れし、農家が被害を受ける恐れがある。国産米と競合しないように、全国に倉庫を持つ我々がしっかり管理、保管しておきます」というわけだ。目的は自分たちの仕事を増やし、コメに対する権限を維持することである。

ただ、農政事務所は一万人の職員を抱えているが、保管業務は大半を民間倉庫に委託しているため、実際にはほとんど仕事がない。にもかかわらず、天下り団体をどんどん作り、海外事務所まで設置している。そこでの仕事はMA米の品質検査である。

通常は各国の検疫当局に対して日本の品質条件を通達し、それをクリアしたコメが輸入される。しかし農政事務所は、「海外の検疫は信用ならない」とばかりに、自らがチェックに乗り出したのだ。ここには旧食糧庁の長官も天下っている。

ところが、その検査機関はＭＡ米のサンプルを抽出するだけで検査はしていない。抽出したサンプルを日本にある別の天下り団体に送り、そちらに品質検査をさせているだけ。そのため、ほぼ無検査の状態で問題のあるコメが輸入されたのである。ちなみに、天下り先のこの二団体のために、三〇億円もの税金が使われている。

税金で事故米を増産する愚かさ

日本に入ってきたときには少量だった事故米を大量に増やしているのは、ほかでもない農政事務所である。「国産米に迷惑をかけないため」という大義名分の下、長期間保管した挙げ句にカビを生やす、または食用には使えないほどに劣化させている。

カビが生えづらい玄米やモミで輸入すればいいものを、精米流通の相手国に媚《こ》びへつらって何の要求もしない。事故が起きたあとは、職員が精米袋を一袋ずつ開けて、一粒残らず検査するという、非効率的な仕事を新たに生み出している。

先ほども述べたように、ＭＡ米として輸入されるコメは各国の一等米だ。問題があるどころか、とても品質の良いコメである。それを毎年八〇万トン近く輸入し、年間およそ五〇〇億円の保管料をかけて管理し、最終的にはほとんどが家畜のエサに回されている。

ところで国際的に米価が高騰した二〇〇八年、コメ不足に直面した国々や国際社会から、このMA米について非難を浴びることとなった。日本は世界中から一等米を買い占めておきながら、他国民が困っているときにもエサとして家畜に食べさせる不道徳な国だと、世界から見なされたのだ。

しかし、いくら非難されようが、農水省は自分の利益になりそうな機会は見逃さない。三笠フーズの問題が発覚したあと、農水省も、「緩い検査のせいで事故米が出回り、国民の食の安全を脅《おびや》かしたのみならず、業者に不労所得をもたらした。もっと検査を徹底すべきだ」と叩かれた。

ここで農水官僚は反省するどころか、この機会をチャンスととらえたのだ。「厳しい検査を徹底的に行うから、もっと予算をくれ」という論理である。

農水省は、検査体制強化のために組織改変を提案し、コメに関してはもっと複雑な検査を行う新たな制度を作り出した（米穀等の取引等に係る情報の記録及び産地情報の伝達に関する法律、通称米トレーサビリティー法）。自分たちの職務怠慢で起きた問題を拡大解釈し、「悪いのは流通業者だ。彼らをきちんと取り締まらなければならない。それこそが我々の果たす役割だ」と、予算の拡充を正当化したのである。

そもそも、流通過程での検査を強化したところで、事故米のような問題を根本から解決することはできない。不必要な検査を増やせば、流通コストが上がり、国産米の競争力を下げるだけだ。それなのに、農水省は昔からプロセスチェックばかりしている。

たとえばイタイイタイ病を引き起こしたカドミウム米は、国が買い取ってから食用と区別するために赤く染めるといった処理が施されている。事故米も同じように色をつければ良いという人もいるが、これはあくまで小手先の対処でしかない。

カドミウム米が収穫されるのは、カドミウムが土壌に滞留しているからであり、その土地はもはや、健康な食物を産出するための農業には適さない。にもかかわらず継続して農地として使用している。すなわちリスクの根源を絶とうとしないから、現在でも日本各地にカドミウムや銅、ヒ素などの汚染米が流通しているわけだ。

ＥＵや米国の場合、工場廃水などが原因で土壌や農作物、人体に影響が出ると、その農地を完全に潰す。農家には別の土地を与える、または補償金を支払うなどの措置を施し、リスクの根源を確実に絶つのだ。それが食の安全行政の基本である。

なぜ農水省はそれをやらないのか。それは、根源がなくなってしまうと仕事が減るからである。検査体制を強化し、プロセスチェックのポイントを増やせば増やすほど、農水省の利益と権力は増える。消費者の健康リスクが高まろうが、国産米の競争力が下がろうが、お構いなしである。

消費者不在のバター利権

二〇〇八年春から続いたバターの品薄騒動を覚えているだろうか。一時期はスーパーの棚から文字通り、バターが消えた。業務用のバターでさえ入手が難しくなり、価格は急騰。ケーキ屋やパン屋は死活問題に直面したが、品不足の原因として、中国での需要増による国際価格の上昇が筆頭に挙げられた。

それが一転して一年後の二〇〇九年春には、バターが大量に売れ残った。北海道の農畜産物を取り仕切る組織のホクレンは対策として、北海道の酪農家に対し一戸当たり二万円分のバターを購入すると呼びかけた。このときの原因は、急激な景気悪化による牛乳や乳製品の消費の落ち込みといわれた。

ところが二〇〇九年も夏になると、今度はまた品薄が始まる。わずか一年間で、これほど見事に消えたり余ったりする商品も珍しい。

奇妙ではないか。毎日、牛から絞れる乳量はほぼ一定。マーケットで売れる牛乳やチーズ、バター、ホイップクリームなどの乳製品も、その売れ行きの季節性はほぼ決まっている。国内生産量に多少変動があったとしても、バターは世界中から調達でき、世界中に輸出できるメジャーな日用食品だ。牛乳やチーズは普通に流通しているのに、なぜかバターだけがマーケットで機能不全を起こしている。

実は奇妙でも何でもない。その理由は中国の需要増でもなければ、まして景気悪化でもない。答えは農水省のバター利権である。

国産の一定商品の品薄や値上がりが起きた場合、通常、スーパーや業務用商社が輸入を増やせば解消できる。というより常日頃、国産、外国産を問わず、仕入れルート、商品ラインナップを多様化し、消費者ニーズに応えることで、小売・食品業界は成り立っている。それが先進国における豊かな消費生活の前提だ。

その成立条件を侵しているのが、農水省の天下り団体「農畜産業振興機構」のバター輸入独占業務である。この団体の大義名分は酪農家保護だが、実際は消費者、バター利用業者だけでなく、酪農家も損する結果をもたらす厄介《やっかい》者だ。でもやめられない。バターを書類上、右から左に移すだけで不労所得を得られる仕組みになっているから。

輸入バターには、特殊な関税割当制度が適用されている。一定の輸入量までは一次税率（関税三五パーセント）が課せられ、その枠を超えると高率の二次税率（一キログラム当たり関税二九・八パーセント＋一七九円）が課せられる。一次税率の対象は六〇〇〇トンと極めて限られた数量で、これは機構が国際航空会社や国際物産展にあらかじめ割り当てる。

普通に輸入しようと思えば、二次税率を払わなければならない。加えて、輸入業者はわざわざ機構にバターを買い入れてもらい、農水大臣が定めたキロ八〇六円の輸入差益（マークアップ）を上乗せされた価格で、買い戻さないといけない。

機構がやるのはペーパーワークだけで、差益一一億円強が収入になる。現代版「上納金」とでもいうのだろうか、とにかく不可思議な制度なのだ。

たとえば、国際価格五〇〇円のバターを一キログラム輸入したとしよう。まず、五〇〇円に関税二九・八パーセント相当の一四九円＋一七九円が課せられる。そこに輸入差益八〇六円を足すと一六三四円に化ける。輸入価格の三倍以上だ。流通・小売りマージンを乗せれば二〇〇〇円を優に超える。

これでは、スーパーが日常的に外国産バターを陳列するのは難しく、国産が足りないからといっておいそれと輸入できない。品揃えが豊富なチーズとは対照的である。海外で手頃な価格で買える外国産バターが、日本では法外に高く、高級スーパーや百貨店にしか置いていない理由もここにある。

利益を誘導する巧妙な仕掛け

逆にいえば、二次関税とマークアップを撤廃するだけで、バター不足の問題は簡単に解決するし、値段も手頃になるのだ。

しかし、農水省にとってはそう簡単な話ではない。せっかく作った天下り団体で、上納金の分け前が取れなくなってしまうからだ。上納金の七割ほどは酪農家への助成に使われるが、残りの四億円弱は役員と職員の懐に入る仕組みであり、役員一〇人の役員報酬の総計は一億六〇〇〇万円、その半数以上は農水省ＯＢだ。理事長の年収は一九三〇万円という厚遇。一般職員の平均年収も九三〇万円で、国家公務員の三割増しという優遇である。

機構は上納金の徴収業務に加え、「輸入するバターの数量、時期について、国内の需給・価格動向などを勘案して決定」できる権限を持っている。つまりバターが消えたのは、民間業者が高くてもいいからと輸入しようとしても、機構の権限に阻《はば》まれて、必要な時期に輸入できなかったからだ。輸入できるのは同機構が入札を実施するときだけ。しかも、一定の条件をクリアした指定輸入業者しか入札に参加できない。

輸入数量も制限されている。だから、入札が行われても品薄がすぐに解消しない。機構によれば、バターと脱脂粉乳など指定乳製品を「国際協約」に基づいた量、輸入しているという。これは一九九三年、ウルグアイラウンドで国際合意した、生乳換算で一三万七〇〇〇トンを根拠にしている「カレント・アクセス」と呼ばれる数量だ。「基準期間（一九八六〜一九八八年）の平均輸入数量が国内生産の五パーセント以上あったものは、その平均輸入実績を維持すること」との取り決めである。

確かにEUや米国にもカレント・アクセスが課せられた品目がある。しかし、これは最低輸入義務ではなく、まして輸入上限でもない。あくまで、国家が輸入機会の邪魔をしないことへの合意だ。欧米では民間業者が、必要に応じて必要な量を輸入している。あまりにも基準数量より少なければ、次回の国際交渉時、「もっと輸入しろ」と交渉の材料にされるが、多く輸入して咎《とが》められるわけがない。

こうした緩い取り決めにもかかわらず、農水省や機構はカレント・アクセス数量を律儀に守るのが国際公約だと主張する。その理由は、日本が欧米にない国家貿易によるバター輸入をしているからだ。しかし民間輸入であれば、取り決めといわれても損失を被ってまで輸入数量を守ることを約束できないし、各国もそんな命令を民間企業に課せられない。日本も民間に任せれば同じだが、それでは農水省は上納金が手に入るチャンスを失う。そこで農水省は、機構を独占的な国家貿易機関に指定する。取り決めを守る主体が国家的な組織なのがミソだ。

緩い取り決めでも破れば、「国家が約束を守らなければ日本の国際的な信義にかかわる」という論を展開できる。自分で解釈をがんじがらめにしておいて、勝手に「国際公約」だから違反できないという結論を導き、上納金の八〇六円にしても、「国際公約で決めた金額」というが、事実は、自ら設定して国際交渉で受け入れられただけの話でしかない。

それでも本当に国家貿易が必要だと信じているのなら、農水省本体がやればいい。だが、そこは民間開放の流れにかこつけて、天下り団体の独立行政法人に仕事を回す。いずれはそこで高給を取るためだ。バター利権は、国内農業保護という建て前と国際交渉を隠れ蓑に、さらには行政のスリム化という美名を使った巧妙な仕掛けなのである。

豚肉業界を圧迫する差額関税

小麦やMA米、バター以外にも、農水省はとんでもない制度を作り出している。一九七一年、国内養豚家の保護を目的に作られた、輸入豚肉の「差額関税」だ。同省の数ある欠陥制度のなかでも、もっともタチが悪い。

そのタチの悪さに対して、差額関税の仕組みは極めてシンプルである。まず基準輸入価格を決める（一キログラム当たり約五四六円）。それより安い輸入豚肉は、外国での価格がいくらだろうが、基準価格との差額を関税として徴収する。一方、基準価格より高い豚肉には一律四・三パーセントの関税がかけられる。安い外国産から国内の養豚家を保護するには鉄壁な制度に見えるが、そんなに単純ではない。

外国産豚肉でもっとも需要があるのは、モモや肩肉などの低価格部位である。一般消費者向けのハムやソーセージに加工されるそれらは、手軽で価格も手頃、栄養価も高いため、日本人の食生活に深く浸透した商品であり、日本人の豚肉消費の六割弱を占める。

一方、国産の一番人気はヒレとロースの高級部位である。トンカツやヒレカツ用だ。すみ分けが進んでいるが、差額関税によって奇妙な現象が起こる。

加工メーカーがどれだけ低価格の部位を輸入しても、制度上、価格はつり上げられる。だが、何とか安く輸入しないと商売にならない。そこで編み出されたのが、安い部位にヒレなどの高い部位を混ぜて輸入し、できるだけ輸入価格を基準価格に近づける「コンビネーション輸入」と呼ばれる手法である。これについて、国は黙認している。

しかし問題は、差額関税の負担を減らすためだけに、本来ハムやソーセージには必要のない高価格の部位を輸入しなければならない点だ。メーカーは売りさばけないから、少しでも元を取ろうとダンピング販売する。こうした外国産が国産ヒレやロースと競合し、守られているはずの国内養豚家から、得意とする高価格帯の国内市場を奪っているのである。

他方、輸入業者は高価格部位のダンピングの損失を補おうと、本来安さが売りの低価格部位をできるだけメーカーに高値で売ろうと努力する。その結果、ハムやソーセージの値上がりにつながり、消費者の懐を苦しめる。これでは、良いものを安く輸入して顧客に届けようという企業努力がまったく発揮されず、おまけに消費者は品質と価格がマッチしないものを買う羽目になる。

しかも、輸入業者やメーカーは競争があるから簡単には値上げできず、損をしてでも生き残りをかける。そこに海外から安いハムやソーセージが入ってくる。すでに加工された豚肉製品は一〇パーセントしか関税がかからず、しかも、他国には差額関税制度がないから、安い原料は安く、高い原料は高くと国際価格で調達できている。これでは国内メーカーは太刀打ちできない。

この制度の最大の問題点は、基準輸入価格内では価格が高ければ高いほど税率が下がる点にある。別の言い方をすると、安いものも高いものも関税によって、強制的に同じ価格にする仕組みだ。海外の養豚業者にしてみれば、こんなにおいしい話はない。価格競争が意味をなさないわけだから、彼らはできるだけ高い値づけをして儲けることを選ぶ。もちろん合法である。つまり、差額関税は海外の養豚家に利益を与えているのだ。

「養豚家保護」は真っ赤な嘘

輸入業者にしてみれば、海外の養豚家だけを儲けさせてはジリ貧だ。そこで「安いものを安いまま」輸入するにはどうしたらいいか考える。簡単だ。税関で安い肉の価格を偽ってつり上げ、基準価格と同額で申請すればいい。そうすれば差額はゼロになり、支払う関税は四・三パーセントだけで済む。差額分は丸儲け。もちろん脱税である。

しかし、つり上げた価格をすべて海外の食肉業者に払えば、うま味はなくなる。一方、脱税で摘発されたら儲けどころではない。そこで国内外の子会社やペーパーカンパニーを何社、何十社も迂回《うかい》させ、架空取引やバックマージンの支払いを積み重ねる。実際に、毎年数十億円規模の差額関税逃れがあとを絶たない。

また、こうした複雑な取引ルートによって、元をたどれば一体どの国のどんな肉が輸入されたのか、素性《すじよう》が分からなくなる副作用も生じている。違法取引がバレにくい原産国や業者を架空に作る過程で、産地偽装の温床にもなっているのだ。農水省はそのたびに指導文書を出すが、効果があるはずはない。合法な輸入をすれば損をし、違法な輸入をすれば儲かるような制度設計がもともと不公正で、悪用を誘引しているのだから。

農水省では差額関税の維持をＷＴＯ農業交渉に委ねるとしているが、それにも理由がある。牛肉や鶏肉などその他の畜産物は、より透明性の高い従価税（輸入価格にストレートに関税がかかる仕組み）が適用されている。豚肉だけに、国際ルールからもっとも遠い不透明な差額関税が残されているのは、交渉相手の輸出国にとってメリットがあるからなのだ。

差額関税は日本特有の国内ルールである。国際交渉プロセスを経なくても、国内法で自由に改変、廃止できる。にもかかわらず農水省は、養豚家保護のために国際交渉をしているふりをして、実際は交渉国に利益を与え続ける売国奴《ばいこくど》なのである。

米国農務省のとてつもない戦略

日本農業を牽引《けんいん》すべき農水省が、省益と天下り先の利益を追求し、農家や国民を苦しめているのが現在の日本の姿である。それでは、他国の農業担当省はいかなる仕事をしているのか。ここでは、欧米先進国のなかでも、農業政策の戦略性と老獪《ろうかい》さという意味でズバ抜けている米国を取り上げたい。

米国の農業生産額は過去四〇年間上昇を続け、おまけに一〇年ごとの成長率は一五パーセント前後をキープしている。生産額の継続的上昇は、画一的な計画経済やありきたりの補助金行政で実現できるものではない。資本主義経済のなかで、綿密に練られた戦略の下に毎年目標を達成していった結果である。

ただ、割り引いて見ないといけないのは、米国が先進国唯一の人口増加国という点だ。過去二〇年で五〇〇〇万人も増え、現在三億人を突破している。

これだけの内需拡大、言い換えれば胃袋数の自然増という、農業・食品業界にとってもっとも強い味方が存在しているのも事実だ。しかし、人口と農業生産額の成長率を比較すると、生産額のほうが三、四パーセント高い。つまり、内需に加え、米国以外に住む人々の胃袋を米国産で満たしてやろうという外需に対する増産、マーケティングあっての結果である。

米国の農務省が発表している「農務省・戦略計画」には、農務省が示す目標と自負心、そして責任範囲が明快に記載してある。要約すると、「農業ビジネスで新規需要が生み出せる施策と研究開発に特化し、科学の力で国民の食の安全リスクを下げ、絶えず優秀な人材を農業界に呼び込む。これらはすべて農務省の責任において実行する」。

これらの目標は決して絵空事《えそらごと》ではない。なぜなら、農務省の職員に与えられた職権と職責を最大限に用いることで達成可能な事柄を、目標に定めているからだ。

たとえば、「輸出機会の維持・拡大」という目標を立てる。その目標を達成するためには、生産者や輸出業者が世界市場にアクセスしやすくする必要がある。そこで農務省は、対象市場と定めた国と二国間協定を結ぶなどの戦略を立てる。これは明らかに公務員や政府高官にしかできない戦略である。

具体的な数値目標も設定する。二国間協定を結んだ結果、これまで交易がなかった国への輸出が始まる、または既存の交易国でも新たな輸出品目が増えた際の金額を提示する。実際に、二〇〇五年の八億ドルに対し、二〇一〇年には二億ドルアップの一〇億ドルを目標にしている。さらには、この目標金額を達成するのに必要な調査費や出張費、対象国でのプロモーション活動などが予算として計上され、成果と対比して厳しい説明責任が問われる。設定する数値についても、恣意性《しいせい》、作為性がないか政府の監査機関がチェックを入れるのだ。農務省の戦略計画には、米国農業をさらに発展させるための明確な目標と、「農業の成長は自分たちに任せろ」という確固たる自負心が強く感じられる。責任の所在も分かりやすい。これならば職員も高いモチベーションを保ち、努力を続けてくれるはずだ。

比較から見えた農水職員の無職責

翻《ひるがえ》って、日本の農政の中心政策課題である自給率目標はどうか。結論からいうと、農水省職員の職権や職責で果たすべき職務が皆無である。二〇一〇年に改定される予定の「食料・農業・農村基本計画」のベースとなる、五〇パーセント工程表を精査すれば明らかだが、自給率向上の有効性以前の問題として、政策立案そのものの無意味さの根源がここにある。

工程表ではおよそ一〇年後、分母である国民一人一日当たりの供給カロリーが七一キロカロリー減少すると断定している。全国民の年間供給カロリーに換算すると、五兆四二九三キロカロリー減だ。その根拠を問うと、「一番は国民の食生活の見直しによる油脂消費抑制。二番目は企業・食品産業の油脂を減少させる取り組み」との回答を得た。

何を見込もうと自由だが、農水職員の職権・職責をどう全《まっと》うしても達成可能な目標とはいえまい。外国産依存度、カロリーともに高い油脂供給量が減れば、分母を小さく見せられるという小細工でしかない。自分たちは何もしないと自ら認めているようなものだ。

分子も同様で、一・三パーセントの上昇につながるというコメの消費拡大は、「国民が毎食ご飯を一口余計に食べれば達成可能」と、旧聞に属する自給率向上ストーリーを展開する。目玉は補助金による小麦と米粉、牛乳の大幅な生産拡大による自給率向上。この裏づけとなる消費増を職員の職権で果たせるはずもないし、果たす責任があるともいっていない。

どんなミッションでも、与えられた権限と責任の範囲で達成できる対象がなければ何もできない。そもそも計画にある通り、自給率向上の前提となる「望ましい消費の姿」の達成は食品企業・消費者責任、「生産努力目標」は農業団体・農業者責任と分担が決まっている。

農水省は両活動に対して税金をばらまくのみ。目標に値しない荒唐無稽で無意味な指標であることはさておき、そもそも職権・職責を使いようがない目標を立てた時点で、何もできないのは明らかだ。自給率の低さを喧伝《けんでん》することで、何かやっているように見せかけているだけであり、これほど官僚の無謬性《むびゅうせい》を証明し続けられる政策を、よくも作ったものだ。

農産物輸出政策についても同様だ。米国の農務省職員が実行する促進目標に対し、日本はただ情緒を振りかざすのみ。「国産は世界に類を見ない高品質。これからは攻めの農政で農産物輸出一兆円」と威勢はいいが、実際は、売りに行く人に「頑張ってね」とばかりに国産展示会の展示料などを補助するのみだ。出展の現地コーディネートも民間企業に丸投げし、職員は出張費を使って物見遊山《ものみゆさん》で見学に行くばかりでは情けない。食料自給率の無策を問う以前に、農水省の役割とは一体何か、その職員の職務とはどうあるべきか根本から問い直さなければ、近い将来、省の廃止も免《まぬが》れないだろう。

農水職員を有効活用すると

農水省は、政府全体の統計担当者の約七割に当たる三〇〇〇人を抱え、国の統計予算の三割を使い、自給率の資料作りに今日も励んでいる。それならば、お得意のカロリー計算で、少しは生産性向上についての前向きな数字でも発表できないものか。

人件費だけで五〇〇億円もの血税を無駄にして導き出した結論が、「農家数が減りました。自給率が下がりました。さあ大変です。国民の皆さん、財布のひもを緩めて国産を食べましょう」では救いがなさすぎる。

いっそのこと、統計担当職員三〇〇〇人を、農業生産の一〇パーセント以上を占めている成長農業法人トップ三〇〇〇社に一人ずつ派遣して、経理補助などの事務員をやってもらったらどうか。急速な発展段階にある成長企業の経営者は、猫の手も借りたいほどに忙しい し、資金繰りも大変だ。有能なスタッフを根づかせるのにも苦心しているだろう。統計担当職員が現場で頑張り、売り上げを伸ばす、または経営体質強化に貢献できれば最高ではないか。

農業だけを優遇することに抵抗はあるし、現場で通用するかどうかも疑わしい。しかし、どうせ同じ税金で職員を雇うなら、有効な仕事のほうが国民にとってベターな選択だ。本人にとっても、ほとんど農業総生産に寄与していない二〇〇万戸弱の疑似農家の統計をとる仕事より、ずっとやり甲斐があることは確かである。

あらゆる産業の使命は国民の暮らしをより良くすることであり、その成果に応分な発展を遂げる。その活力を最大限引き出す制度設計が監督官庁の役割である。だが農水省の自給率向上政策は、産業の使命と正反対のことをやっている。

「農業が悪くなると国民の生活が悪くなるよ」と吹聴《ふいちょう》し、不安にさせることで省益を守り、予算を確保する。政府広報で不安感を醸成しておいて、政府世論調査で「国民の九割以上が食料自給率を高めるべきだと考えている」と発表する。マッチポンプとはこのことだ。

今の日本農業は人を育て、世界と勝負できる農産物、食文化の潜在能力を引き伸ばすときだ。生産過剰を恐れず、技術に磨きをかけ、商品開発し、しっかりマーケティングをして売り切ることが、農産業の戦略的要諦《ようてい》である。偽りの「飢えへの不安」を喚起し、国民の不安を増大させる食料自給率向上政策に、この国の未来を託すことはあってはならない。

第四章　こんなに強い日本農業

大幅な増産に成功した日本農業

「ネギ（エシャロットを含む）の生産量が世界一の国はどこでしょう」

この質問に大半の人は、「米国？　オーストラリア？　それとも人口の多い中国か？」などと考えをめぐらせるだろう。驚くなかれ、正解は日本である。

にわかには信じられないだろうが、それも仕方ない。「農業の担い手が減少し、高齢化が進むなか、耕作放棄地が増える一方で食料自給率は下がり続けている。来《きた》るべき食料危機に備え、食料の海外依存を減らさなければならない」といった政府発表や大手マスコミの決まり文句を、連日聞かされているのだから。

イカサマの自給率向上を謳《うた》い、省益確保に余念のない農水省が連呼する「農業＝衰退産業」というのは根拠希薄である。日本農業は絶望視するほどの状況にはないし、むしろ大きな可能性を秘めた成長産業だ。そこで、本章では日本農業の真の実力をお見せしたい。

まず、日本の農産物総生産量は着実に増えている。一九六〇年の四七〇〇万トンから、二〇〇五年には五〇〇〇万トンへと三〇〇万トンの増産を実現しているのだ。ちなみにカロリーベースの自給率のほうは、一九六〇年には七九パーセントあったが、二〇〇五年には四〇パーセントに半減。多くの人は自給率半減と聞いて、生産量が半減したと勘違いしているはず。だが、実際は増産している。

それぞれの品目で見ても、生産量が世界トップレベルのものが少なくない。ネギの世界一を筆頭に、ホウレンソウは三位、ミカン類は四位、キャベツは五位、イチゴ、キュウリは六位などと、世界のトップテン入りを果たしている農産物も数多い。意外に思われるかもしれないが、キウイフルーツも世界六位であり、米国の生産量を上回っている。

生産能力の四割を減反しているコメは一〇位だが、減反開始前の一九六〇年代には三位だった。また果物の王様リンゴが一四位、欧米のメジャー作物ジャガイモでさえ二二位と健闘している。

これだけの生産量を誇っている理由としては、日本が世界一〇位の人口大国だということもある。また、食文化の違いもある。さらに、下がったとはいえ国民所得も高い。昔は生きていくために、コメやイモ類などカロリーの高いものを大量に消費していたが、現在はイチゴやキウイフルーツをデザートとして、楽しむようになった。このように多様な果物や野菜を食べる食文化が根づいたことも背景にある。

しかし、果物や野菜は総じてカロリーが低いため、どれだけ国産が増えてもなかなか自給率向上にはつながらない。それならば自給率などという曖昧《あいまい》な指標より、国内生産量のほうが国民にも農家にも圧倒的に重要ではないか。「日本の農家は食料の増産に成功している」

というシンプルな事実だけでも、食料危機に対する漠然とした不安は払拭《ふっしょく》され、頼もしい産業であると農業への認識が改められるだろう。

生産性の向上はここまできた

農業の弱体化の証拠に挙げられるのが、農業人口の低下である。確かに〈図表10〉が示すように農業人口は減っている。しかし、あたかも日本だけ減少しているかのように語られるが、それは誤りだ。

農家の減少率を過去一〇年で比較すると、日本の二二パーセントに対し、EU（一五ヵ国）は二一パーセント。ドイツが三二パーセント、オランダが二九パーセント、フランスが二三パーセント、イタリアが二一パーセント減っている。決して日本だけが突出しているわけではないのだ。

しかし、前述したように生産量は増えている。この事実が教えてくれるのは、農業者一人当たりの生産量が増えた、すなわち生産性が向上したということである。

〈図表11〉に示したのが、農業者一人当たりの生産量だ。一九六〇年の三・九トンと比較して、二〇〇六年には二五トン超。過去四〇年あまりで六・四倍も生産性が上がっていることが分かる。これは全農畜産物の総生産量を、基幹的農業者（普段の主な状態が「農業に従事

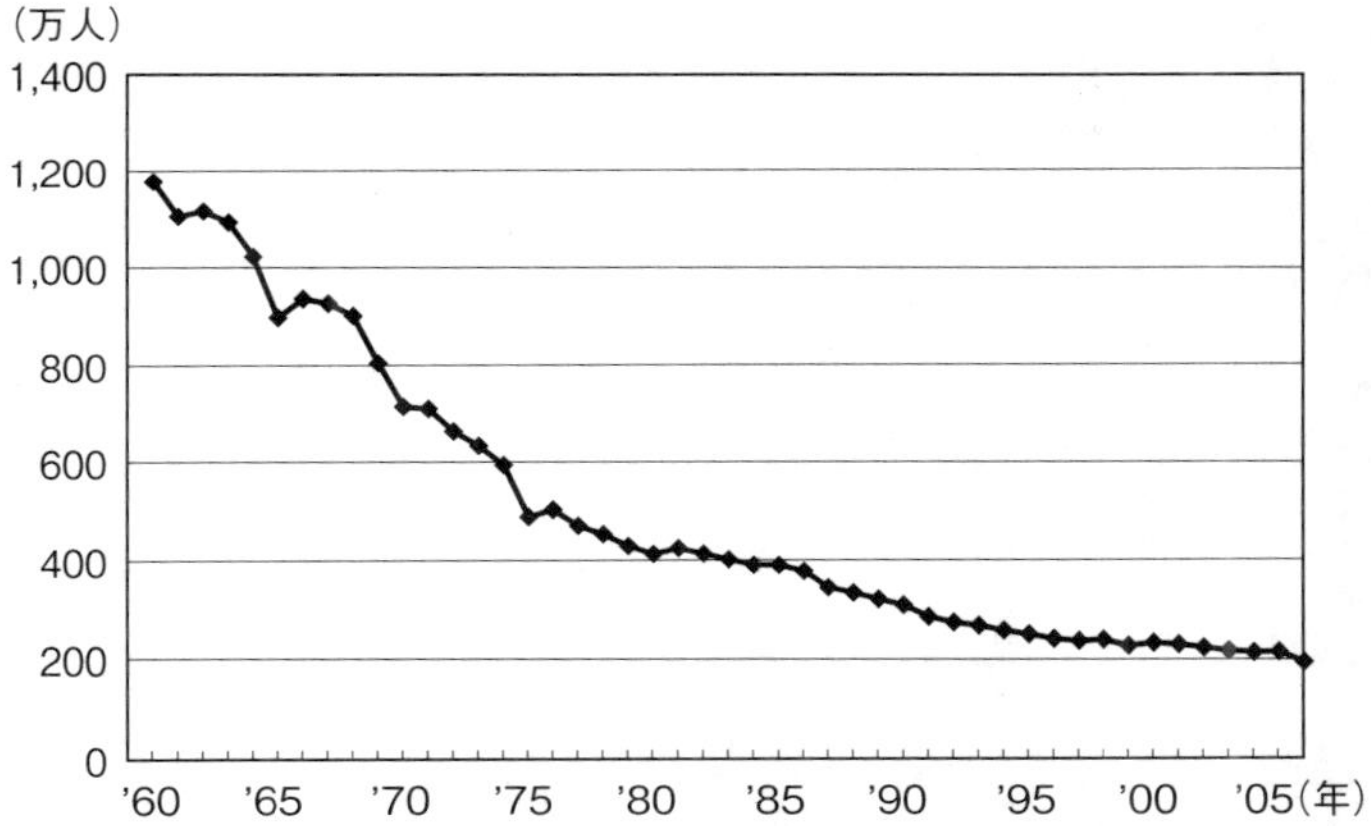

図表10　基幹的農業者数

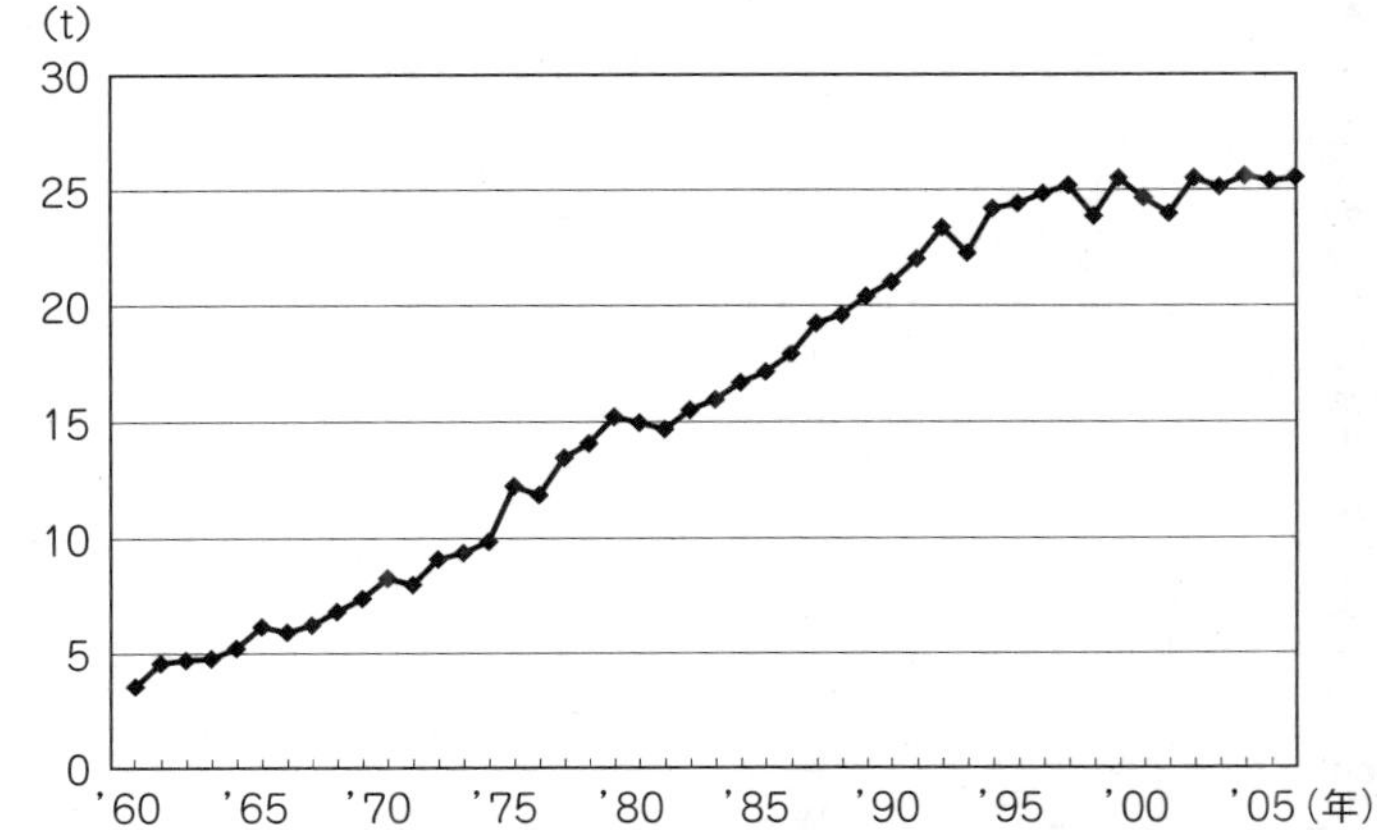

図表11　農業者1人当たりの生産量

※出典：農林水産省の資料を基に筆者作成

していた」者）の数で割って独自に算出した指標である。二〇〇五年と二〇〇六年の対比でも九〇〇キログラムも上がっており、年率約四パーセントの上昇だ。

農業者数と生産量の推移に注目すると分かりやすい。一九六〇年に約一二〇〇万人の農業者が生産した量は四七〇〇万トン。二〇〇五年、これを上回る五〇〇〇万トンを、六分の一の約二〇〇万人で突破。農家数の激減は事実だが、生産性の低い農民が減り、生産性の高い農業経営者が増えたというのがより正確である。

また生産性の向上は、経営耕作面積（借地含む）の拡大からも説明できる。都府県で一九五〇年には八一五戸だった五ヘクタール以上の農家数が、現在五万戸を超えている。一方、一ヘクタール未満の農家数は同期比で五分の一に減少した。つまり広い農地を使い、ビジネスとして農業に取り組んでいるプロの農家が増えたため、生産性も上がったのである。

さらに北海道では、二〇ヘクタール未満の農家数が過去五〇年で二〇万戸減ったのに対して、二〇ヘクタール以上の農場が、わずか三一〇戸から一万七〇〇〇戸にまで増えている。北海道の平均経営面積は一七・二ヘクタールとなり、これはＥＵの平均一五・八ヘクタールを超える国際的にも通用する規模。とくに十勝地方では、平均が四〇ヘクタールにまで迫っている。

こうした事実に反して、長年にわたり伝播《でんぱ》され、日本農業の弱さを示す象徴になっている

「平均農地一ヘクタール」というイカサマ神話がいまだにまかり通っている。政府発表やメディア報道は相も変わらず、「日本の平均農地面積は一ヘクタール。欧米の数十分の一、数百分の一だから競争力がない」という、何の説明責任も展望もない分析ばかり。肝心なのは、一人当たりの生産性がどれだけ伸びたかなのだ。

また生産性の向上は、生産額ベースでも明らかである。農業の価値労働生産性（名目総農業生産額÷基幹的農業者数）を試算したところ、一九六〇年には農業者一人当たり一八万円だったのに対し、二〇〇五年には約二四倍増の四三八万円に上昇。物価変動部分を取り除いた実質の価値労働生産性（実質総農業生産額÷基幹的農業者数）で見ても、八五万円から四四三万円と、五・二倍に上昇している。

この生産性の向上にもっとも貢献しているのが施設園芸である。施設園芸とは、ビニールハウスを始め、特殊フィルムやガラスを用いた園芸ハウスを設置し、外部環境を制御、病害虫の侵入を抑えて高効率・高品質栽培を可能にする生産方式だ。日本における設置面積は過去四〇年で四一八倍も伸び、その規模は中国、スペインに続く世界三位に。これにより、一年を通じて多彩な野菜、果物、花を入手できるようになった。

施設での売り上げは、一〇アール当たり、トマトが約二〇〇万〜三〇〇万円、イチゴが約四〇〇万〜五〇〇万円、バラが約六〇〇万〜七〇〇万円。コメの一〇万円と比較すれば、面積当たりの付加価値の高さが分かるだろう。

このように、農業を量や面積、金額といった単一指標で見ても意味はない。農場ごとの生産性向上こそが重要な指標なのである。

「農業人口減＝農業衰退」の幻想

それでもまだ納得できない自給率原理主義者には、〈図表12〉を見てもらいたい。農水省が好むカロリー自給率計算から、農業者一人がエネルギーをどれだけ効率よく国民に提供できるようになったかを試算したものだ。

下の折れ線は、農業者一人が年間に生産しているカロリーである。農水省が発表する「国民一人一日当たりの供給カロリー」に、「三六五日×各年の全人口数×自給率」を乗じた数字を、各年の農業者数で割って算出した。すると一九六〇年の五〇〇万キロカロリーから、二〇〇五年には二一〇〇万キロカロリーに向上している。

しかし、それがどれほどの量かピンとこないので、上の折れ線で「一人の農業者が何人の国民のカロリー摂取量を賄《まかな》っているか」を表してみた。農業者一人当たりの供給カロリーを、全国民の年間摂取カロリーで割った数字だ。

一九六〇年には、何と農業者一人が一年間働いて、たった七人分のカロリーしか提供でき

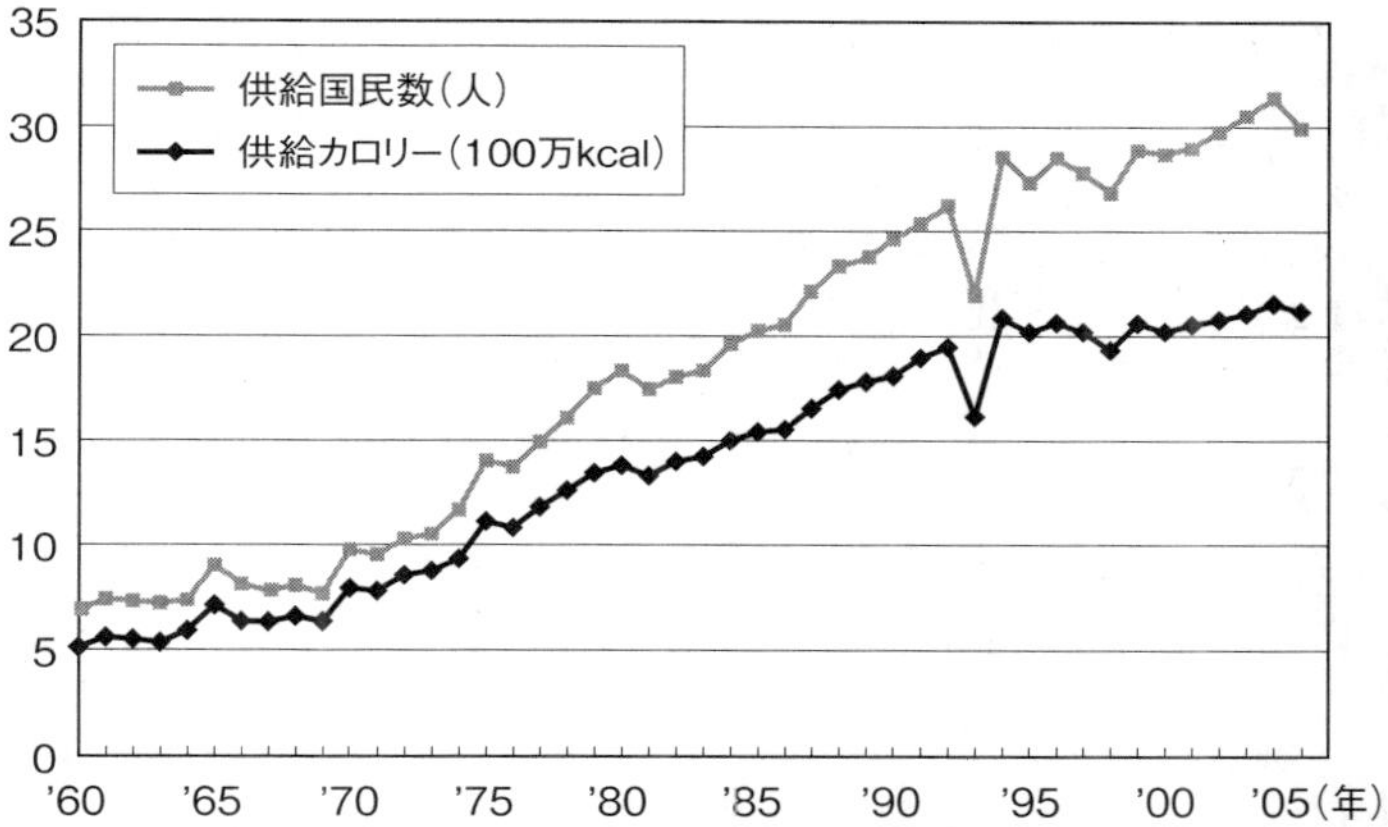

図表12　農業者1人当たりの供給カロリーとカロリー供給国民数

※出典：農林水産省の資料を基に筆者作成

ていなかったのである。それが、二〇〇五年には四倍超の三〇人まで賄えるほど効率が上がったことが分かる。

これは、技術革新や他産業従事により農業をやめる人が増えた結果、生産効率が良くなったからである。ところが国や農水省は、それらを農業衰退の元凶とみなし、多額の税金を投入して改善することに躍起であり、まったく本質を理解していないとしかいいようがない。

加えて、生産性向上の背景には、大量生産・大量消費型社会の到来がある。また、農畜産物が産地から消費者に届くまでの加工業・小売業の急速な発展が、農業生産性を刺激したともいえる。つまり、工業化による経済発展にともない、日本が人口の多くを農民が占める生活水準の低い途上国から、少数精鋭の農業者が食を担える先進国に成長したことを示しているのだ。

これは、すべての先進国が歩んできた産業構造変化である。また中国を始め、新興国ではまだ農民が人口の過半数を占め、他産業移転が国家的課題となっている現状を見れば想像がつくだろう。

対して先進国は、その転換を乗り越え、数パーセントの農業人口でさらに発展を遂げられるステージにある。GDPに占める農業総生産の割合も同様であり、経済発展にともなって農産業は成長するが、豊かになるほどそのシェアは限定的になる。これも悲観的にとらえることはない。何しろ農業GDPシェア一・七パーセントの日本は、先進国のなかで米国に次ぐ二位の生産額を誇っているのだから。

日本の農家数はまだ多すぎる

以上、農家数の減少が何ら問題ではないことがお分かりいただけただろうか。しかも、それでも日本の農家数はまだ多すぎるのである。先進国で、農家が人口に占める割合を見てみると、英国〇・八パーセント、米国〇・九パーセント、ドイツ一・〇パーセントに対し、日本は一・六パーセントと突出して高い。

実際のところ、すでに少数精鋭の農家が日本人の食を支えている。約二〇〇万戸の販売農家（面積三〇アール以上、または年間の農産物販売金額が五〇万円以上の農家）のうち、売り上げ一〇〇〇万円以上の農家はわずか七パーセントの一四万戸。しかし、彼らが何と全農業生産額八兆円のうちの六割を産出しているのだ。しかも、過去五年間の売上成長率は一三〇パーセントである。

つまり、我々の胃袋の半分以上は、すでにこうした生産性の高い成長農場に支えられているのだ。しかも、その最上位階層にあたる売り上げ一億円以上の農場・農業法人が占めるのは、販売農家戸数のわずか〇・二五パーセントの五〇〇〇事業体しかないものの、それらが生産額の一五パーセントを稼ぎ出しており、過去五年間で一六〇パーセントの成長を遂げている。もしも、彼らの経営努力で一〇年後の売り上げが三倍になれば、わずか五〇〇〇の業者で今の生産額の半分近くを担える規模になる。

さらに、売り上げ三〇〇〇万円以上の農家は三万戸あり、その数は販売農家の一・五パーセントだが、国内生産額の三〇パーセントを占め、過去五年間で一五〇パーセント成長した。

日本農業法人協会の調査では、生産から販売、加工、体験型ビジネスまでやっている事業者の成長率は、四〇〇パーセントという結果も出ている。労働生産性では、売り上げ五〇〇〇万～一億円の事業者で八〇〇万円代、売り上げ一億円を超えると一五〇〇万～三〇〇〇万円台。これは他産業の一流企業と遜色《そんしょく》ないレベルである。

では、残りの一八〇万戸強、農業者全体の九割に当たる農家は何をしているのか。そのうち売り上げ一〇〇万円以下（利益ではない）の農家が一二〇万戸も存在するが、彼らは国内生産額にわずか五パーセントしか貢献していない。過去五年間の成長率はマイナス一三〇パーセントで、大半が赤字というのが実態である。

赤字といっても、零細農家だからではない。彼らはほかの仕事で稼いだお金を農業に使っている大規模家庭菜園層である。

こうした農家階層の分布は、何も日本に限ったものではない。専業農家の比率は日本の一五パーセントに対し、日本と同様に農業規模が小さいイタリアで一二パーセント、ギリシャで一三パーセント、スペインで一九パーセントとなっている。さらに、売り上げ規模の上位層が高いシェアを占める傾向も同じだ。英国では上位一〇パーセントの農家が全生産額の五割を産出しており、上位二五パーセントにまで広げれば全生産額の八割を占めている。

問題は、大多数の趣味的農家や兼業農家が日本農業を代表しているかのような、偽情報を配信する政府やメディアの姿勢にある。日本の食を支えている農業事業者の売り上げ、利益伸張率、雇用創出数などの実態を広く国民に示せば、農業は成長産業として一般に位置づけられるはずだ。

ところが民主党は票田獲得のために、疑似農家を含めた赤字農家に補助金をばらまくのである。農水省は、国民生活に寄与する産業の姿を建設的に示す役割を放棄し、ある意図を持って情報操作を行っているのだ。

知られていない農家の所得

それでは実際の農家の所得はいかほどなのか。これまでの農業が衰退産業であり、ほかの職業よりも遅れた業界であるという世間一般の認識は、農業の所得水準が不明瞭であり、かつ「儲からない」というイメージが原因だろう。

おまけにこれまでの農家の所得は、国が発表する販売農家（兼業農家率七八パーセント）の所得を基準に発表されていた。だが、農業外収入が大部分を占める販売農家の平均農業所得が、三一一万円だと知っても、実態はまるで分からない。そこで、筆者が副編集長を務める月刊誌「農業経営者」で行ったアンケート調査を基に所得の実態を紹介しよう。

アンケート対象となった二五六六人の平均年収は三四三三万円。内訳は個人農場一三一四人の平均三四八万円、農業法人役員三八二人の平均五六〇万円、および農業法人社員八七〇人の平均二四一一万円である。いずれも、社員数五〜九人の中小企業における平均年収二三六万円を上回っている。三〇〇万円以下が半数を占める一方、五〇〇万円以上が二割を超え、一〇〇〇万円以上が五パーセントに上ることも分かった。

農業法人経営者の最高年収は三六〇〇万円。これは上場企業の経営者並みの高額報酬である。また社員の平均給与の最高は八五七万円、個人農業の最高年収も一五〇〇万円と、いずれも大企業並みの農業者の存在が明らかになった。

業種別の平均年収で見ると、畜産・酪農とキノコ類が五〇〇万円を突破し、コメ・畑作の三八三万円、果樹・工芸作物三五一万円、生産・加工・観光三四二万円、施設園芸三一六万円、露地野菜二八四万円と続く。

このように、事業化や淘汰が進んだ畜産・酪農、そしてキノコ類が頭一つ飛び抜けている。またコメ・畑作も高水準だが、露地野菜は低い。これは両者に支給される補助金の差が所得に反映しているからだろう。付加価値が高いはずの施設園芸や生産・加工・観光でさえ、コメ・畑作農家の年収を超えていないことからも、コメ・畑作優遇の補助金の実態が垣間見える。

中途採用を含む初任給水準はどうか。ハローページに掲載されている農業業種の求人広告六五五件から集計してみた。全国平均は正社員で一九万円、非正社員で一六万円。都道府県別で見ると、東京都（二七万円）、神奈川県（二四万円）、愛知県（二三万円）など、生活費の高い大都市圏が上位を占めている。これはほかの職業と同じ傾向である。

こうして年収データを見ていくと、何も農業は特殊な産業ではないことがお分かりいただけるだろう。他業界と比較して、年収が著しく低いわけでもない。「高いところは高く、低いところは低い」という、真っ当な競争原理が働いているだけだ。

もう少しマクロに見ると、農家の世帯所得は一般家庭より多い。ＯＥＣＤ（経済協力開発機構）の調べでは、世帯平均を一〇〇とすると日本の農家所得は一二〇で、米国の一一〇より高い。しかも、事業的農家比率の高いオランダでは二五〇、デンマークが一七〇、フランスが一六〇と、それぞれ世帯平均を上回っているのだ。

自給率の呪縛から脱した農業者

こうした普通の職業として農業を選び、農場を経営する人には、農水省が主導する自給率至上農政はどう映っているのだろうか。

月刊「農業経営者」が実施したアンケート（二〇〇〇人回答）によると、「食料自給率ありきの政策ではなく、個々の農場が努力し国内農産物の需要増加を目指すべきだ」という設問に、「非常にそう思う」「そう思う」と答えた経営者が九〇パーセントに上った。一方、「そう思わない」と答えたのはわずか八パーセントにすぎなかった。

また、「国が自給率を追求することで、国産に過剰な信仰が生まれ、本当に必要な農業改革から目をそらすことにつながる」と考える人が七六パーセントもいた。国民に国産信仰を過度に植えつける政策よりも、国には健全な産業として、国民に寄与する農業になるための改革をしてほしいという思いが彼らにはあるのだ。税金を使い国産信仰を強化してもらって、それに追随したほうがラクに商売できると思う人がもっといてもおかしくない。しかし実際は、そんな浅はかな考えではダメだとはっきりいえる、良識ある経営者が約八割いるのである。

また、「食料だけを取り上げて安全保障を訴えても合理的でない」と考えている人も八五パーセントいることが分かった。そもそも生産活動の根本にある、極めて低いエネルギー自給率や肥料自給率と密接にかかわる農業生産の現実を、もっとも認識している農業事業者の見識を反映した格好だ。

自給率の低い作物については、九割が「日本で油脂や飼料作物を国際価格で作ることは現実的でない」と回答。農政に依存する自給率より、個々の経営が成り立つための作物を作ることが大前提との意見が多数を占めた。

農業者にとっての関心課題においては、「顧客志向の経営体質強化」、とくに「人材育成」が「行政改革」を上回っている。ここには、農政を批判するよりもマーケットを重視する、自律した農家像が顕著に表れている。生産面の課題は、「コスト低減」を筆頭に挙げ、「品質向上」「規模拡大」「収量増大」が続いている。他業界と同様、個別の農場が経営課題を直視し、改善に向けた努力をしているのだ。

そうしたなか、自らの力で農業経営を維持、発展させていくと答えた人は八六パーセントに上った。頼もしい限りだ。こうした農場の発展にとって、低い自給率を根拠に農水省が特定作物に補助金をつける現行の制度は、経営の足かせにしかなっていない。自給率の呪縛という規制を解くことこそが、日本農業をさらに強くする大きな一歩となる。

農家の高齢化は問題ではない

「農業従事者の約六〇パーセントが六五歳以上」と喧伝《けんでん》され、騒がれている。後継者がおらず、彼らの引退後は農地が放棄され、結果的に農業の衰退につながるというわけだ。

しかし前述した通り、耕作放棄地の増加は問題ではない。さらに、高齢の農業者の大半は事業者として生産活動をしているわけではなく、農家という暮らし方を楽しんでいる人々（疑似農家）である。

彼らは三つのタイプに分類できる。一つ目は、農家出身のサラリーマンや公務員たちだ。彼らは定年前から週末の農作業を楽しんできた兼業農家で、定年後も退職金をもらって悠々自適に農業を続けている。この層が約七割を占める。

サラリーマンや公務員には定年があり、六〇歳や六五歳に達すれば退職するため、「サラリーマンの高齢化」などと騒がれたりはしない。しかし農業には定年がなく、しかも彼らは趣味の範囲でやっているだけだから、やめることもない。着実に高齢化していくわけだ。

二つ目は、農家出身のサラリーマンや公務員だが、在職中は農業をやっておらず、定年後に実家で趣味の農業を始めた層だ。この層が約一割を占める。新規に農業を開始した人を調査した統計を見ると、この人たちの比率が圧倒的に高い。

残りの二割は農業を主業としてやってきた人たちだ。農業での収入は赤字でも、多くは年金と子供からの仕送りで農業を続けている。もしくは、息子が農業を継いで頑張っていて、高齢の両親は手伝っている程度だとしても、統計上は六五歳以上の農業者として登録されているのである。

以上が、大問題とされる農家の高齢化の実態だ。要は、日本にとって必要な専業農家、いわゆる本物のプロ農家が高齢化したというよりも、八割の疑似農家が「統計上の高齢化」を引き起こしているにすぎない。

つまり、農家の高齢化とは、産業としての農業生産を左右する問題だととらえる次元の話ではない。むしろ、老後も農業で働ける生きがいを持てて素晴らしいことではないか。体力低下やボケ防止にもなり、医療費の低減にも貢献しているはずだ。

それに余生の楽しみだから、後継者だっているはずがない（いたとしても、同じ趣味的な農業が継承されるだけ）。体が続かなくなる、または家族での埋め合わせが厳しくなれば、耕作を放棄してしまうのも仕方がないのだ。

私は、農水省が農家の高齢化を問題視すること自体、礼を失していると思う。戦後の混乱期から日本の食を支えてきた農業界の諸先輩方に対して、敬意を表することが農水省の務めであろう。

少子高齢化・人口減少に関して日本農業が抱えている本当の課題は、生産者側ではなく顧客が高齢化し、人口が減ることにある。すなわち日本人全体の胃袋が縮小し、市場規模が縮小することで、さらなる消費減退が起こることが問題なのだ。疑似農家の高齢化に焦点を当てるのは、時間の無駄でしかない。

農業に魅せられる若き事業者たち

ここまで示しても洗脳が解けず、「農業は高齢化が進んでいるし、若い人も農業をやりたがらないから、衰退するだけだ」という悲観論者がいるかもしれない。

しかし、すでに高度な技術、資産、取引先を有している少数精鋭の農業経営者にとっては、農家の減少はビジネスチャンスである。とくに若い世代には、ライバルの先輩農家が大量引退するこれからの時代、市場シェアを一気に伸ばせる好機ともいえる。

また、農業界への新規参入を検討している企業や個人も多い。もちろん農業の活性化に新しい血は大切だが、彼らはまず、農業は多額の投資が必要であることを知らなければならない。

たとえば、家族経営において最初の成功指標とされるのが、家族所得一〇〇〇万円だ。これを達成するには、機械・設備投資だけで露地栽培なら三〇〇〇万円、ガラスハウスなどを使った施設栽培なら五〇〇〇万円はかかるといわれている。

家族所得を二〇〇〇万円、三〇〇〇万円に引き上げるため、一億円以上の投資をしているところも珍しくない。畜産分野では五億円、一〇億円の投資もざら。ビジネスとしての農業を試みるとき、一般人が簡単に用意できる金額ではないのだ。

一方で、現在意欲を持って農業をしている若者のほとんどが、両親が一定の成功を収めている専業農家の生まれである。農業は経験の継承産業であり、人並みに稼げるようになるまでにはノウハウの蓄積がいる。その習得には時間と忍耐が必要だが、農家出身者は耕された農地や優れた技術を親から無償で提供され、さらには、親が築いてきた信頼や取引先も継承できる。彼らには農業以外の分野から新規参入してきた企業や個人に比べて、資金面でも技術面でも圧倒的なアドバンテージがあるのだ。

しかも、二〇代のエリート農業経営者、経営幹部は全国に三万六〇〇〇人（女性七〇〇〇人を含む）もいる。二〇〇七年だけで、五〇〇〇人強も新規参入しており、この数は世間一般の認識よりもはるかに多いのではないだろうか。

彼らは他業種で経験を積むなどして、実家の農場価値を見直した層であり、高いモチベーションを持って農業界に参入してきた人材である。農業法人や組合の役員になった人も二〇代で一二〇人、三〇代で二二〇人もいる。ほかのどの産業に、これだけの若手経営者がいるだろうか。彼らがどんどん成長してくれれば怖いものなしだ。

全体の経営者数は三〇代が九万人、四〇代が一二万人、五〇代が二七万人と世代を追うごとに多くなっていく。つまり、この一〇年ほどで世代交代が一気に進むことが容易に予測できる。若い世代にとってはビジネスチャンスである。

同業他社（生産者）が少なくなればなるほど、買い手に対する交渉力も増す。農業の商売には好都合なのだ。その結果、自立した農家比率が高まり、健全な産業としての基盤も強まるだろう。

必要があれば、先に触れた一二〇万戸の疑似農家への施策をすべて、こうした若手に集中させてもいいだろう。日本の食を担い、さらには世界の食マーケットで勝負させるための若手育成にお金と時間を使うことに、誰も反対しようがない。

また、「企業を農業に参入させれば、遅れている農業はうまくいく」という論は現実を見誤っている。農業を甘くみてはいけない。技術やノウハウの蓄積がなければ、まともな生産もままならない。そんななか設備投資を続け、一定の給与を払い続けなければならない企業の多くが投資倒れしている。何十年も経営を継続、発展している農場に対して、何の優位性もないのだから当たり前だ。「農業に参入した企業の九割が赤字」という現実も頷《うなず》ける。

もちろん、新規に農業に参入する企業にチャンスが皆無というわけではない。比較優位にある農家出身者と同じことをやっても成功しづらいというだけだ。異業種で培《つちか》った斬新な発想や実績を武器に経営努力を続ければ、農業界の特定分野で一勢力になる可能性はある。だが、それも限定的だろう。どの先進国を見ても、農業は九五パーセント以上が家族経営であり、その強みの源泉を理解したうえで、参入を検討するのが賢明なのだ。

第五章　こうすればもっと強くなる日本農業

「農業は成長産業」が世界の常識

「私は自分がどんなに努力しても、農業経営者にはなれそうもありません」

こう語ったのは、米国のオバマ大統領である。

「世界市場のなかで、高度な技術力とマーケティング力、そして経営判断が求められる、（大統領以上に）複雑な仕事です。学生時代にアルバイトしたとき、『あんた仕事できないわね』と、すぐにクビになりましたから本当です。さらにみなさんは家族を養い、地域社会を支え、世界の食生活に貢献していらっしゃるのですから、本当に素晴らしい」

オバマ大統領にここまでいわせる農業は、あらゆる産業のなかでもっともグローバルであり、かつ高度な経営判断のいるビジネスなのである。

農業は世界の人類という広い顧客対象を持っている。つまり、世界人口が増えるのに比例して顧客数が増加しているわけだ。

人口増加の内訳を見ると、とくに新興国における中間層・富裕層の増加は目覚ましく、この五年で可処分所得五〇〇〇ドル以上の人口は二億世帯、ミリオネア（億万長者）は一〇〇〇万人も増えた。

所得が増えると、世帯のエンゲル係数（家計に占める食費の割合）が低下し、食べ物が

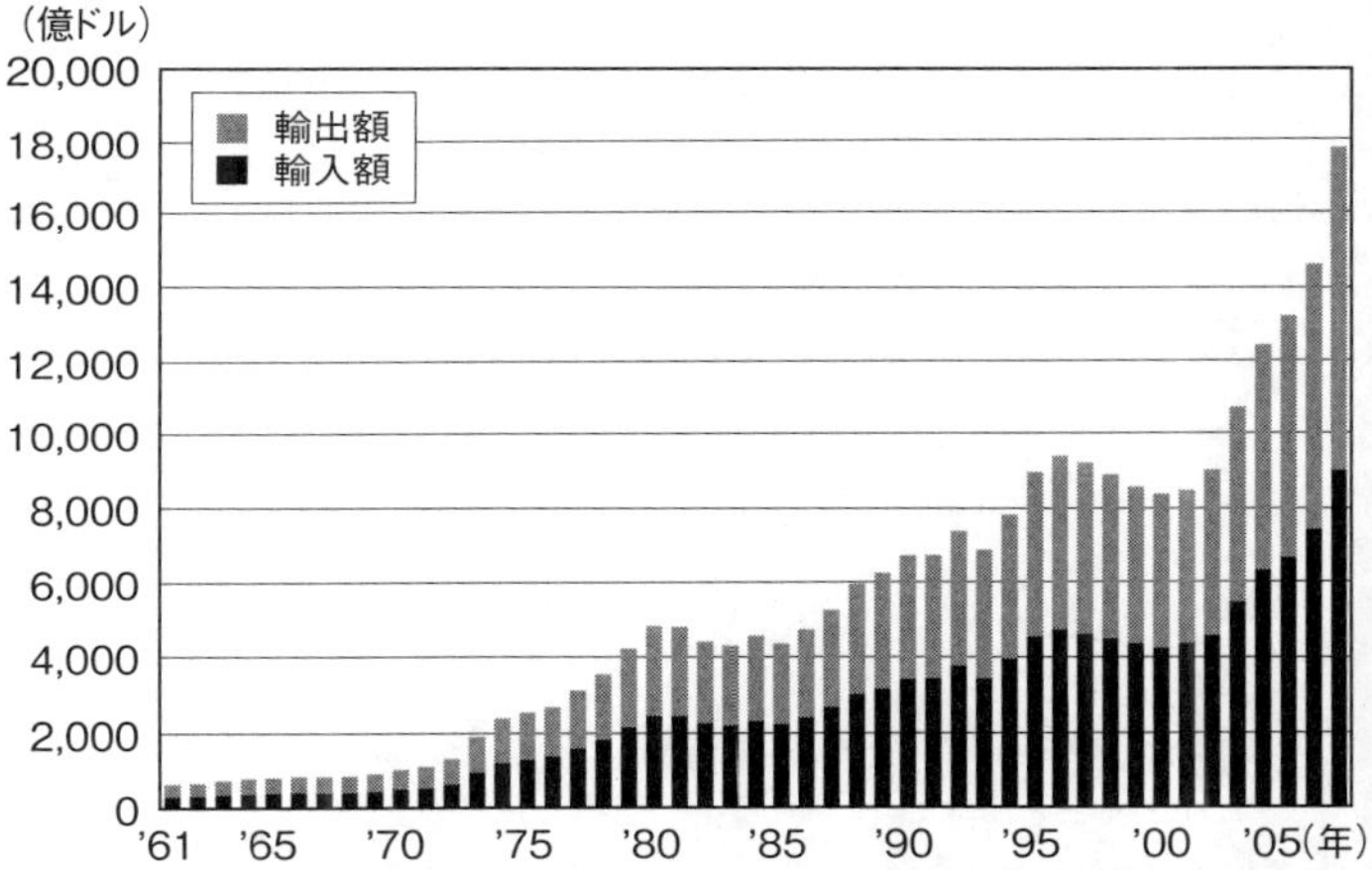

図表13　世界の農産物貿易額

※出典：FAOSTAT

「必需品」から「自由裁量品」へと移行する。そしてスーパー、コンビニなどでの多彩な加工食品、スナック、デザートの購入に加え、外食や中食、宅配といった食シーンの多様化、高度化につながる。「食べていくだけで精一杯」の生活から、「好きなものを選んで食べる」「ちょっと贅沢したい」というライフスタイルへの大きな変化だ。

さらに先へ進めば、もっと健康になりたい、もっと長生きしたいという要求が生まれる。そうなると今度は、高品質な生鮮野菜や果物、美容やヘルスケアなどを意識した製品の原料となる、安全な農産物の需要増につながっていく。

こうした一連の流れは、日本を始めとし

た先進国がすべて通過してきた道だ。実際、世界の農産物貿易額は、一九六一年に六七〇億ドル（約七兆円）だったのが、二〇〇七年には一兆七八〇〇億ドル（約一八〇兆円）と約二七倍にまで膨れ上がっている〈図表11〉参照）。とくに二〇〇〇年以降は、年平均一〇兆円の伸長である。

その成長を牽引《けんいん》するのが、経済発展著しいＢＲＩＣｓ四ヵ国だ。ブラジルとロシアがそれぞれ一兆円、インドが五〇〇〇億円、中国が一兆五〇〇〇億円の貢献をしている。だが実は、これらの新興国以上に農産物の国際貿易を牽引している地域がある。それはＥＵで、ＢＲＩＣｓの三倍近くの一三兆円も増加している。

ＥＵでは圏内の経済や交易の自由化により、豊かな食生活を競い合う食品産業の発展を背景にした農業ビジネスが活性化している。そして国境を越えるのは農産物だけではなく、農家もまた移動する。商機をとらえようと、自国外に生産拠点を構える農場が急増しているのだ。

これが、「農業は世界の成長産業」といえる所以《ゆえん》であり、世界の常識である。

ところが日本では、この事実がなかなか理解されない。というのも、これまで農業はほかの産業と比べるべきではない、特別なビジネスだと思われてきたからだ。もっといえば「農家」とは生活の概念であり、暮らし方であって、「ビジネス」だとも思われていなかった。

確かに農業は天候に左右されるし、野外作業がきつく、価格も不安定である。こうした大変な作業の末、人間の生命維持には欠かせない農作物を収穫するのだから、儲かる、儲からないといった話をするのが憚《はばか》られるような「聖域」扱いをされてきたわけだ。

しかし、本当は農業もほかのビジネス同様、顧客が基点の商売であり、供給者主導でマーケットをコントロールできないことに変わりはない。優れた経営者なら成功するし、経営努力を怠ればうまくいかないだけである。

「日本農業成長八策」を提言する

日本農業をマクロにとらえると、一番の課題は少子高齢化・人口減少だ。日本人全体の胃袋が縮小している、つまり、市場規模が縮小しているという点にある。

減反が象徴しているように、食料は足りないどころか過剰生産に陥っている。スーパーの過多出店により、店舗には農産物の売り棚が拡大される一方、売れ残りロスは急増。流通の利益率低下が常態化し、農家への値下げ圧力が日に日に増している。

これが今、農業が直面する本当の問題である。少数精鋭の専業農家でさえ供給過剰で所得が減少している。民主党の所得補償が実施されれば、この問題は負の方向に向かって加速するだろう。

農業であれ、ほかの業種であれ、所得を増やしたいのなら、市場を開拓し付加価値を増やすしかない。民主党のマニフェストによれば、戸別所得補償制度の本格実施は幸いにも二〇一一年となっており、まだ時間がある。

筆者はここで、所得補償に代わる農業振興の方法論について八つの提言を行いたい。名づけて「日本農業成長八策」だ。ポイントは、税金をできるだけ使わずに農業の市場規模を拡大し、農家の所得を増大させ、関連雇用を生み出し、地域・国家の税収を増やすことだ。

長年、農業界には三兆円規模の税金が投入されてきた。一方で農家の払う税金は数百億円と著しい不均衡があった。農業分野を保護するための高関税政策によって、WTOやFTA貿易自由化交渉を頓挫《とんざ》させ、製造業の輸出機会を奪ってきたのである。だから日本経済が苦しい今こそ、農業界は税金の配分を求めるのではなく自ら成長発展し、支払う役割を果たすべきときだ。官民問わず、長年税金で育成されてきた農業界の人的資源を有効活用すれば可能である。

そこには、米国農業を追い越せるほどの潜在的な力さえ備わっている。

第一に、もっとも需要のある「民間版・市民（レンタル）農園の整備」を行う。

現在、市町村が運営する市民農園はほとんどが募集定員オーバーで、何年も順番待ちの状態が続いている。土いじり志向の強い団塊の世代に加え、二〇～四〇代の子供連れの利用者が急増しているからだ。ならば、農園を借りたい人を取りまとめて基金を作り、貸し農園の建設をプロの農家に呼びかける。サービスマインドのある農家なら自ら維持、運営主体になってもいいし、民間主導のプロジェクトに農家が参画する手もある。

たとえば地域で合意を形成し、民間が公共的なサービスを提供するＰＦＩ方式で進めることも可能だ。これは「Private Finance Initiative」の略で、民間の資金、人材、ノウハウ、マネジメントを活用する手法である。こうした自律的な成長案件に対して、政府が農地法の規制緩和やサービス料の一部支払いなどを通じてバックアップすればいい。

これは米国には真似できない農業ビジネスである。基本的に米国の農場は都市部から遠く離れている。しかし日本は都市部と農地が比較的混在しているため、少し足を延ばせば農業体験ができるのだ。

三〇〇万世帯の潜在需要を見込めれば、現在全国に三二〇〇軒ほどある市民農園に加え三万軒創出できる。一家族の利用料を月額五〇〇〇円、年間六万円としても、貸し農園代だけで約二〇〇〇億円の新市場が誕生する。さらに農園開発投資の請負を事業化できれば、開発費が一軒一〇〇〇万円として、別途三〇〇〇億円ほどのビジネスが生まれる。

癒しや食育、食の安全がクローズアップされるなか、農業体験、貸し農園といった非農家による農業消費のマーケット拡大の伸びしろは大きい。農家だけが持つ栽培ノウハウを広く国民に開放することで、農家は自律でき、利用者も楽しめる。しかも専業農家にとっては、通年サービスを提供できない疑似農家と差別化する方法としても有効だ。農業界は今、レジャーや観光、不動産、教育、医療といった産業界の知恵や実績を吸収しながら、新たなビジネスを創出できる絶好のポジションにあるのだ。

作物別マーケティング組織の構築

第二が、「農家による作物別全国組合の設立」である。

農家出資による組織で、作物別に年間の出荷、マーケティング戦略を策定し、三つの市場を開拓する。それは、国内の値下げ圧力の高い市場、輸入品にシェアを取られている市場、そして海外市場だ。米国ポテト協会、デンマーク酪農連合、英国ニンジン協議会などは、このような生産者団体の形態である。

日本は、これまで地域単位の農協が中心となり市場に農産物を流してきた。その結果、同じ作物を作る他産地の農家と競合し、産地間競争による値下げ合戦の消耗戦を生んだ。そこにつけ込まれて、寡占化する流通・小売に価格決定権を奪われ、どこの産地も農家の手取りが減る一方である。

わずかながら行っている輸出についても県単位で進めているため、たとえば台湾のデパートの日本米コーナーに新潟県産もあれば、宮城県産も千葉県産もあるといった状況が起こっている。国内での産地間競争を海外にも持ち込んでいるのだ。それよりも、「日本産を海外マーケットに売り込む」という一致団結した全国マーケティング組織の下《もと》、輸出戦略を展開したほうが効率的である。

具体的には、一作物メーカーとして全国の農家が結集、出資する。そして、専門スタッフを雇い、マーケティング調査から出荷業態別の品質基準、収量増大などの生産性向上のための研究調査、価格政策の策定、生産調整、ブランディングを行うようにする。

行政に対しては、特定作物業界の障害になるような制度法案の改善を迫り、国民視点の振興や助成を求める。農家は票田として国からの補助金の下僕とされる地位を脱し、自ら国民生活を良くするための農業政策のロビー活動を行えばいい。農業に従事する人口比率が減り、独立自尊の少数精鋭の農家が食を支えている先進国では、当たり前の話だ。

ではここで、米国ポテト協会の成功事例を具体的に紹介しよう。

米国ポテト協会は、生産者が自ら出資して一九七一年に設立したジャガイモのプロモーション団体である。米国に数ある農業生産者団体で、もっとも活動的な団体だ。

彼らはジャガイモの用途の広さ、栄養価の高さを伝えて売り上げを伸ばそうと、消費者に対する広報、栄養教育、販促プログラム、外食に対するマーケティング、輸出促進など、多岐にわたって活動している。とはいっても国が支援してくれるわけではなく、すべてを行うのはジャガイモ生産者。農家なので普及活動に費やす時間がないため、生産者が支払う年会費により、各分野の専任スタッフ一〇九人を雇っている。

米国では一時期、「ジャガイモを食べると太る」という説が認知され、ジャガイモの消費が落ちていた（その原因はジャガイモそのものではなく、フライで食べることなのだが）。そこでポテト協会は、消費者の意識を変えるため、コンセプトを「ヘルシーポテト」一点に集中。くびれたウエストラインのジャガイモでダイエット食のイメージを喚起し、カロリーの低さや豊富なビタミンCとカリウムについて説き、健康面を強調したのである。

その事業ビジョンの展開がすごい。米国市場にとどまらず、海外の消費者にまでヘルシーポテトを売り込んだのだ。

たとえば輸出相手国の小売店舗で、「米国産ポテトは（地元産より）健康！」と、米国産ジャガイモ健康キャンペーンを開催。日本に対しても、「ヘルシーなイモを見てほしいから来てください」と、管理栄養士や大学の教授をビジネスクラスやファーストクラスを用意して米国まで招待する。そこで栄養学の権威が、科学的根拠を用いながら米国産ポテトの魅力についてPRするのだ。呼ばれた栄養士や教授は、学校・企業給食のレシピ制作の関係者なので、彼らに売り込むことは巨大マーケット進出の足がかりになる。

そして外食チェーンに対しては、日本人の嗜好《しこう》を考慮した米国産ポテトによるレシピを開発し、提案する。それも、ただ美味しさだけを強調するのではない。原価率から購買層までを独自にシミュレーションし、店舗ごとに何食売れたらいくら儲かるのか、収益性まで計算したうえでのプレゼンだ。

そのため、徹底したマーケティングリサーチを怠らない。一例として、彼らは日本の国産フレンチフライ市場まで分析している。二〇〇五年は前年比〇・九パーセント成長したとの結果を報告、商品別にその要因まで分析できるほどに観察して、わずかなシェア奪取も許さない。おそらく日本市場で米国産が何パーセントか、国産が何パーセントかを理解している日本人は、ジャガイモ関係者でさえ皆無だろう。

さらに、その手はポテトチップ原料市場にも及ぶ。ポテトチップは欧米の食品であるため、ポテトチップ用ジャガイモは欧米以外の国ではそれほど栽培技術が発達していない。そこで日本や韓国に売り込もうと考えたが、輸入規制の壁が立ちはだかった。しかし彼らはあきらめない。輸入規制を取り払うためにロビー団体として政府に訴え続けた結果、米国政府は毎年、日本政府に対し、ジャガイモ輸入規制緩和の要望書を出すまでになった。その執拗な活動が実り、日本は一部輸入解禁に踏み切るまでに至ったのだ。

これだけしたたかな市場戦略が可能なのは、米国ポテト協会が三年ごとに「事業ビジョン」「成長市場の特定」「その開発戦略の策定」「財務戦略」「技術革新戦略」「人材育成戦略」などの成長戦略を立て、計画を実施しているからだ。

さらに、若手リーダーの育成にも熱心だ。研修プログラムでは、一〇代、二〇代のジャガイモ農家を自薦他薦で選抜し、彼らに自分の農場の枠を越え、州代表、国代表として業界のビジョンと戦略を語れるようになるまで訓練する。そのために、実際に消費者団体に対しプレゼンをさせ、さらには上院議員や外国の大使に対してもロビー活動をさせる徹底ぶりだ。

こういった米国のような作物ごとのプロモーション団体は、今のところ日本には皆無といっていい。逆にいえば、「ゼロベースからどんな成長戦略も描ける好位置にいる」ともいえる。

もしも年間を通した安定品質、安定供給体制を築き、小売・食品会社・外食との契約生産の比率を高め、五パーセントの価格向上を実現すれば、全体で四〇〇〇億円の効果があるだろう。また、輸入農産物に対しても戦略的にシェア奪還計画を進め、一〇パーセントでも奪還できれば、こちらも六〇〇〇億円の成長が見込める。

日本で作物団体が唯一あるとすれば、それは日本スプラウト協会だ。O-157のカイワレ大根騒動で消費者の買い控えが起こり、多くの業者が倒産するなど、カイワレ生産者は大打撃を受けた。そこで協会の生産者が一致団結し、科学的にその冤罪《えんざい》を晴らすPRをし、風評被害を乗り越えた。今ではその栄養価値に光を当てた、攻めのマーケティング活動を行っている。廃業の危機感をもってすれば、ほかの作物生産者も攻めの連携ができるはずだ。

科学ベースで国際競争に勝つ

第三は、「科学技術に立脚した農業ビジネス振興」である。

日本は世界トップクラスの科学大国である。農業に関連する科学技術も進んでおり、農業関係の公的機関および研究者数も、ほかの先進国と比べて桁違いに多い。だが官僚組織の弊害で、優れた技術があっても、新たな需要促進などの日本や世界における農業発展にほとんど生かされていない。とくに各県の試験場に予算が集中しているため、せっかくのノウハウも県境を越えて活用されることはない。

そこで取るべき戦略は、開発された品種や栽培技術などを世界的に品種登録、特許申請し、国内外問わずライセンス契約を結ぶこと。農業のソフト産業化を推進し、海外展開を積極的に図るわけだ。

その結果、研究者や農業技術者も海外に進出でき、日本農業の人的資源によって世界で新たな農産業の育成に寄与できる。日本発の農業関連資機材、知的財産権のビジネスを海外に広げることで、市場規模を二〇パーセント拡大できれば、一兆円マーケットの創出も可能だ。

たとえば、栃木県ならイチゴの「とちおとめ」を世界商品にしてしまえばいい。世界商品にすれば、育成者権の利用料が取れるだけでなく、栽培ノウハウも売れるため、農家や技術者が海外に進出して農業の技術サポート収入を得られるのだ。海外に第二農場を作ってもいいし、さらにはイチゴ関係の資材や機材が売れることだって考えられる。

また、地方銀行などが支援して、県が持っている農業資産を世界に発信させるといったことも考えるべきだ。県内でしか使えなかった技術を棚卸ししてみると、実は他県には勝てないが世界商品にはなり得る宝があるかもしれない。それを国内の産地間競争で見ず、世界の農業ビジネスのなかでどうとらえ直すかというふうになれば、世界の消費者に役立つ農業の可能性が生まれてくる。

結果として貿易額が増え、所得も増え、納税も増えるという明るい展望を持ちながら、農業ビジネスを展開していけるのだ。

大きな可能性を秘めた農産物輸出

第四は「輸出の促進」である。

農業生産額はピーク時から三兆五〇〇〇億円下落し、食品マーケットも同じように八兆二

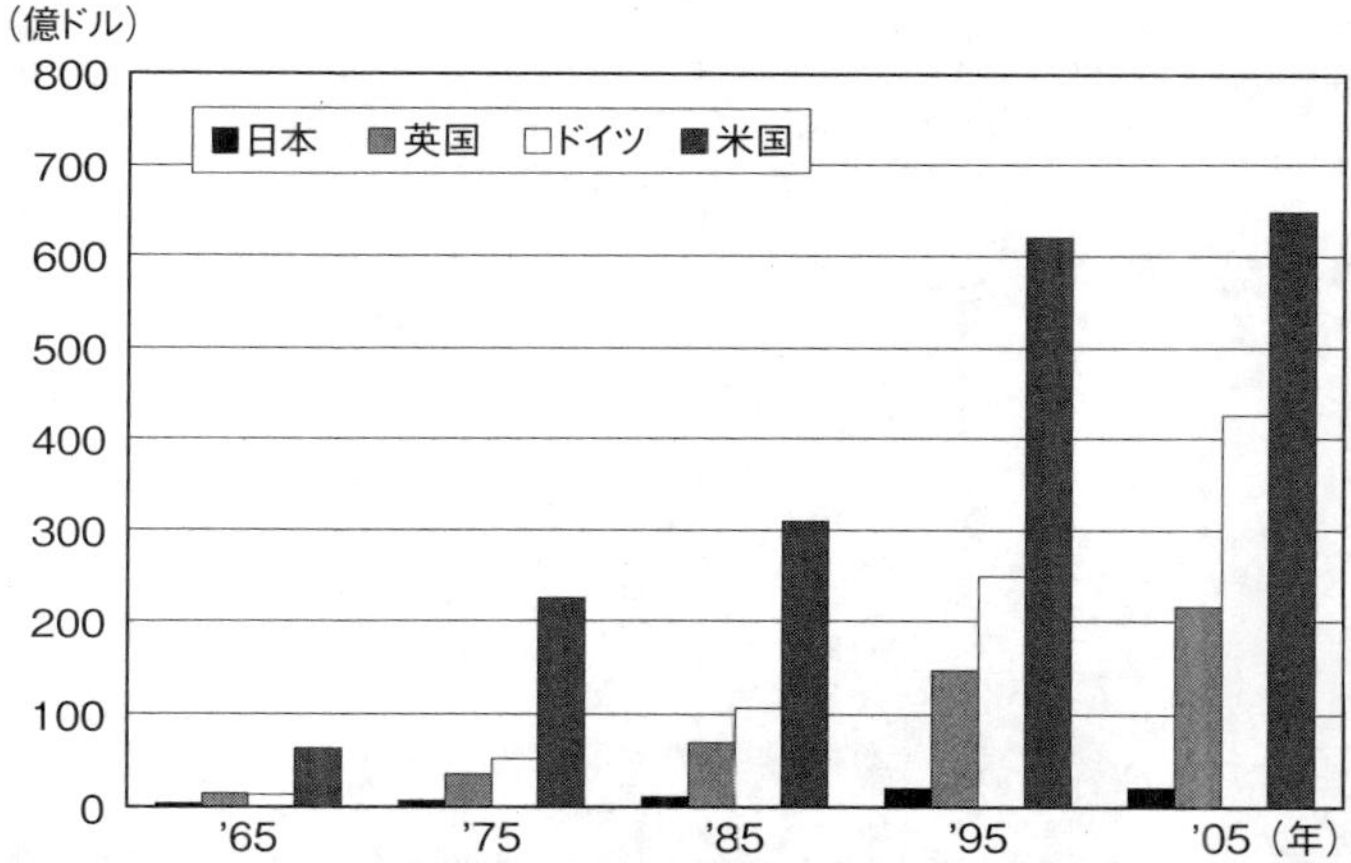

図表14　日英独米の農産物輸出額の推移（2005年）

※出典：FAOSTAT

〇〇〇億円も下落している。日本農業にとって、大きく残された売り先は海外マーケットしかない。そこでまず、一〇〇〇億円規模の輸出補助金を短期的かつ戦略的に割り当て、どのマーケットでどの商品が、どのくらいの価格帯でどのくらい売れるかの実績を作るのだ。

実は一九六五年時点では、欧州先進国の輸出額は日本とほぼ同じレベルだった。それが、二〇〇五年までの四〇年間で、英国は二〇倍（二〇〇億ドル増）、ドイツは七〇倍（四二〇億ドル増）も輸出を増やしたのだ（〈図表14参照〉）。それに対し、日本はわずか九・五倍（一七億ドル増）である。これは国内顧客に依存し、海外顧客開拓をまったくしてこなかったためだ。

英国とドイツは現在、日本と同様、少子高齢化が進み農産物マーケットが縮小している。一方で、技術の進歩とともに農家の生産性は年々続伸。売り先を国内市場に限定していては、生産物が余るだけだ。減反などもってのほかである。農業の発展のためには、他国の消費者にリーチするしかない。

英国とドイツは減退する国内市場への依存からいち早く脱却し、輸出の拡大に成功した。日本の農業生産額約八兆円に対し、世界の輸出マーケットは一〇〇兆円を超えている。そのなかで現在日本が占めるシェアは、わずか〇・二パーセント程度しかない。これを一パーセントに伸ばすだけでも、一兆二〇〇〇億円のマーケット創出につながる。

何も予算を国に頼る必要はない。前述した、同品目を作る有志の生産者が集うマーケティング組織を作り、積み立てを行う方法もある。

たとえば一ヘクタール当たり五万円出せば、一万ヘクタール分で五億円。これだけあれば、プロのスタッフを雇い、輸出先に日本人を駐在させ、現地でのマーケティング活動も可能になる。まずは生産者が未来の投資のためにお金を出すことが重要であり、たとえばイスラエルの農家は三万人しかいないが、このやり方で日本より多い三〇〇〇億円相当の農産物を輸出している。

農産物輸出は検疫戦争

第五は、「検疫体制の強化」だ。

農産物貿易は国際検疫戦争の勝敗で決まるといわれるほど、検疫の重要性は高い。自由貿易とはいえ、農業生産に損害を与える病害虫の侵入をお互い防止する国境措置は、当然認められている。しかし、その検疫の権利を利用して、輸入を妨げるために必要以上の条件を設けることが横行している。事実上の非関税障壁である。そこで各国の検疫担当官は相手国の要求の弱点を探り当て、検疫レベルを下げるよう交渉するのだ。

現に、日本農家の高品質な果物やコメを中国に輸出しようにも、中国の検疫当局から、「日本の検疫は甘い」「中国にいない虫が伝播《でんぱ》する」などの難癖がつけられている。対して日本の農水職員は人手が足りないからと、科学的な反証ができないでいる。

その結果、日本米は中国に輸出する際に、「特別な薫蒸《くんじょう》をしなければならない」と中国側の過剰な検疫要求に合意してしまった。その薫蒸ができる日本の精米設備は神奈川県に一ヵ所しかない。輸送や検査に法外なコストがかかるばかりか、薫蒸で品質も落ちる。結局、一七億人の中国市場に二〇〇八年に輸出された日本米は、わずか六トンでしかなかった。

実は、その合意自体に政治的な意図があったのだ。安倍元首相が総理就任後、初訪中の際、中国政府が突如、解禁を発表したのだが、これは単なるご祝儀解禁。その過剰な検疫措置によって日本米の競争力が殺《そ》がれ、輸出できないことなど中国政府ははなからお見通しなのである。

しかし、いかに難癖をつけられても、科学的に検証していくのが検疫担当官の仕事だ。最終的には中国で日本と同等の検疫をやっているのか、中国の要求が過剰ではないか、科学的には薫蒸の必要のないことを理詰めで主張するべきだ。そして埒《らち》が明かなければ、WTOに提訴し、解決に向けどちらの言い分が正しいか決済を受けることもできる。

事実、米国産のサクランボやリンゴが輸入解禁になったのは、日本が米国に提訴され、WTOの査定で日本の要求が過剰だと判断され、敗訴したからだ。同じことを中国に対してもやればいいのだ。

しかし、検疫に必要な職員数が足りていない現状もある。世界を相手にした交渉に携われる職員は、農水省内に一〇人もおらず、実際の輸出検疫の作業スタッフも人手不足で悲鳴を上げている。

ならば、現在ほとんど付加価値を生んでいない農水省の職員を、一〇〇〇人規模で輸出検疫の作業や有望国との交渉業務に当たらせればいい。日本の農産物を海外に売り込むための後方支援だ。既存の公務員の有効活用だから、追加の予算はかからない。

そして、これに関連するが、第六は、「農業の国際交渉ができる人材の育成または採用」だ。

ＷＴＯやＦＴＡの国際交渉といっても結局、国益を前提に交渉人の人間力と議論スキルで決まる部分が大きい。しかし、日本は他国と交渉をする際、「日本の農業は弱い」という認識しか持っていない。これでは、議論以前の問題だ。

こうした体質から脱皮し、誇りを持って日本農業、農産物を世界にＰＲできる人材を育成、採用するのである。欧米の農業強国にならい、成功した農業経営者や海外で実績を持つ実業家を農業特使に任命する方法も有効であり、これも新たな税金はいらない。

農家も海外で経営するという発想

第七に、「若手農家の海外研修制度」の拡充である。

全国の優良農場を歩いてみると、若いときに欧米の農場で研修してきた経営者が実に多く見受けられる。農業先進国で学んだ経験を日本で生かし、経営発展や顧客サービスにつなげているのである。また農業界に限らず、欧米の厳しくかつ豊かな農業の経験者は、財界にも数多くいる。彼らは技術を学んできただけでなく、異国で他流試合を重ねることで、文化や物事の考え方、リーダー、経営者としての生き方を吸収してきたのである。

日本にも国の海外農業研修制度は存在するが、その予算は年々減ってきている。平均六八歳という高齢化した一〇〇万人弱の疑似農家に、毎年一〇〇〇万円も所得補償する制度よりも、同じ一〇〇〇万円で、意欲のある何万人もの若手農家や学生を世界に派遣したほうが、どれほど日本の将来にとって有益か分からない。仮に一〇万人を送り込んでも、所得補償の一〇分の一、一〇〇〇億円で済む。高齢農家も農業の先輩として、若手が世界で活躍するために国が投資することに賛同してくれるはずである。

第八は、「海外農場の進出支援」だ。

一般的に農業は、国内で自国民のための食料を生産するものだというイメージがあるかもしれない。しかし、農業も他産業と同じビジネスである。自動車メーカーが米国に工場を建てて生産活動を行い、アパレル企業が人件費の安い中国で衣服を大量生産しているように、農業も海外に進出し、現地で生産活動を行っても何ら差し支えない。これは輸出の促進とともに重要なポイントだ。

政府は海外進出を目指す農家に支援すべきである。将来性のない農家に赤字補償する一兆円があれば、極端な話、海外の肥沃《ひよく》な農地が日本の農地面積の五倍は買える。もっと広い耕地で農業ができる能力も技術も持ち合わせた専業農家が、日本には数多くいるのだ。現在の規制の多い農業政策では、彼らが活躍するフィールドが法律的に制限されたままだ。

私は海外進出したい農家を数多く知っている。日本の優秀な農家が世界進出すれば、現地の農家の技術水準を引き上げ、新たな商品開発も可能だろう。現地の農産業に新たな成長資源をもたらすことができるのだ。

一方で、海外からも「日本の農家に進出してきてもらいたい」という声が届いている。それも発展途上国だけではなく、オーストラリアや南米、東欧、ロシアからも依頼がある。

なぜ日本の農家が世界に求められているのか。今までの常識では、海外のほうが農地面積が広く農業強国のイメージがある。ところが現実は、付加価値が低く国際競争の熾烈な基礎食料を大規模に作ることでしか、こうした国の農家は生き残っていけないのである。

一方で、彼らは日本の農家がきめ細やかで高品質な農産物を作れることを知っている。そして、それこそが潜在マーケットで求められ、自分たちが今後発展する道につながると分かっているから、日本の農家や技術者を招聘《しょうへい》しようとしているのだ。ちょうどトヨタのカイゼン方式が、発展途上にある世界の製造業から求められているのと同じだ。

日本の農家が海外に進出するといっても、何もすでに標準化された小麦やトウモロコシなどの国際商品を作るといった、負け戦をする必要はない。コメや果物などの得意分野で勝負し、その国でのシェアを拡大すればいい。生産が軌道に乗ったら輸出もできるのだから、大規模なビジネス展開が可能になり、双方にとって、「Ｗｉｎ－Ｗｉｎ」の関係を築くことにつながる。

人口減少の日本が内需拡大の限界点に差しかかるなか、日本の農場は海外農場と連結決算で成長する時代を迎えた。日本の製造メーカーが辿った道だが、農業分野でも欧米の農家はすでに海外進出を加速させている。

既存の農業法人だけでは進出候補先は限定されるだろうが、第七で提言した海外派遣された若手農家の人材成長と相まって、現実味を十分帯びてくるのではないか。

そして、売り上げ五億円の農場が一万軒登場しただけで五兆円の産出効果がある。日本（人）の農業産出額は連結で八兆円から一三兆円となり、一六〇パーセントの伸びとなる。一〇〇〇億円規模の予算をつけてもよかろう。

以上、「日本農業成長八策」を合計すると、約九兆円の新規需要の創造だ。既存の約八兆円と足して、日本の農業産出額はおよそ一八兆円となり、先進国ナンバーワンの農業大国・米国の一七兆円を追い抜く。かかる税金は輸出補助金、海外への農場進出、若手農家の海外派遣に各一〇〇〇億円の三〇〇〇億円のみ。所得補償一兆円の三分の一以下である。

世界を視野に入れた農業者たち

日本にはすでに、農業は世界の成長産業だと認識し、ビジネスチャンスの機会を自らとらえようと世界に打って出ている農業者が何百人もいる。

「先行するEU農業と同じように、アジアでもヒト、モノ、カネ、ノウハウが国境を越える時代が来た。農業者にとって世界がマーケットかつ産地と考えれば、農業のビジネスチャンスは無限大である」

こうビジョンを描くのが、農事組合法人・和郷園《わごうえん》代表の木内博一《きうちひろかず》氏だ。農業界では革命児として知られるやり手の農業経営者である。

二〇〇七年に始まった和郷園の輸出事業は、わずか二年で売り上げの約一割を占める三億円に達している。香港に現地駐在員を置き、自社生産の高品質農産物をレストランやスーパー向けに輸出する。

「僕自身、日本の農産物は世界一だと思っている。今、そのことを世界にしっかり表現していくときだ。まずは最高級品を輸出することにこだわり、海外で『ジャパン・プレミアム』を創出する。頂を高くすれば、その後の日本産農産物の世界市場は大きく開ける」

和郷園にとって、海外事業とは輸出にとどまらない。海外生産も当然の選択肢である。輸出事業を開始する以前に、タイでマンゴーとバナナを生産する現地法人を設立している。

出荷開始から二年、現在、和郷園のバナナはタイで、世界の青果物ブランド、ドールよりも高値で販売されている。そして、日本人の農家が地元タイで作ったという「Made by

Japanese」（日本人産）が評価されている。長年、工業の分野で高品質の証「Made in Japan」が知れ渡った結果、それを作る日本人への信頼感が高まった。そして今、農業の分野でも、日本人が作った農産物がブランドとして人気を集めているのである。

これは、「発展途上国で作って日本に輸入する」という、従来の商社が行ってきた開発型農業ではない。和郷園は生産量の半分を海外マーケットで売りきり、残り半分の日本規格バナナは輸入販売している。まさに農場（工場）という生産主体を核に、世界の消費者ニーズに応えているのだ。

また、一事業者ではなく、自治体として勝負しているケースもある。日本一のレタス生産量を誇る長野県川上村だ。藤原忠彦《ふじわらただひこ》村長が陣頭指揮を執り、村を挙げて輸出に取り組み、村の農家一戸当たりの野菜販売額は、平均で二五〇〇万円を突破した。

きっかけは二〇〇四年、豊作で野菜が余ってしまい、一〇〇万ケース以上を廃棄したことにある。国内だけの需給関係に頼っていてはいけない、海外には野菜不足に悩む国もあるのだから、彼らに売りに行くべきだという結論を導いたのである。

二〇〇六年から台湾にレタスの輸出を始めたが、台湾にはレタスを食べる習慣がほとんどなかった。そこで大規模なフェアを開催し、レタスを使ったしゃぶしゃぶやスープ、ドレッシングをかけたサラダなど、レタスの活用法をＰＲ。これが功を奏し、台湾でも徐々にレタス文化が根づきつつある。

川上村ではレタスを高原野菜として夏に収穫し、輸出している。裏を返せば、冬場は輸出ができず、一年を通して売ることができない。そこで台湾農家にレタスの栽培方法を教え、現地での生産にも進出。台湾の夏は蒸し暑くレタスの栽培には適さないため、冬場に生産する。ところがそうすることで、夏は日本からの輸入レタス、冬は台湾で作ったレタスが店頭に並び、季節を問わず売ることができるようになったのである。

川上村は、レタスの本場であり輸出事業のライバルでもある、米国カリフォルニア州ワトソンビル市と姉妹都市提携をしている。冬の農閑期《のうかんき》を利用し現地を訪れるなど、両国の技術交流は二〇年以上も前から行われてきた。現在、カリフォルニアに渡ってレタス生産を開始する計画を進行中だ。

また、およそ二〇年前に米国に渡り、田んぼを借りて一からコメの生産を始めた農業者もいる。田牧一郎《たまきいちろう》氏だ。日本のコメであるジャポニカ米を生産し、「タマキ・ライス」として確立させ、現在米国でジャポニカ米といえば「タマキ・ブランド」といわれるまでに成長させた。今では様々な国で、ジャポニカ米を作るコンサルタントとして活躍している。

農業政策の転換は簡単だ。自虐史観にとらわれた衰退政策をやめ、客観的な事実に基づいて成長戦略を取ることである。これまでも自民党農政の下、戦略はなくとも農業をビジネスとして行う農場は、自主的に飛躍的な発展を遂げてきた。こうした成長プロセスを民主党が邪魔せず、規制を取り除けば、もっと良くなるはずだ。

長年かけて育成されてきた独立自尊の農業経営者の成長を阻害する「農業者戸別所得補償制度」。民主党の票田確保のための独善、支持基盤の農水省職員の生き残り政策を断じて許してはならない。

第六章　本当の食料安全保障とは何か

自給率による食料安全保障は幻想

農水省が推し進める食料自給率向上政策は、近い将来、国際的な食料危機が訪れることを前提としている。そして、「国内で作れる食料が少ないと、国民の大半が餓死してしまう」という危機感を国民に植えつけ、実際は省益確保の手段でしかない自給率向上政策を正当化しているのだ。

山田正彦《やまだまさひこ》農林水産副大臣は、「自給率が低いままでは飢えた民衆が略奪を始め、暴動が続発する大飢餓パニックが起こる」と自著で記し、自給率の向上こそが食料安全保障につながると力説する。

しかし、実は自給率と食料安保には何の関連もない。

一九九三年のコメ不足を思い出してほしい。国は「コメの自給率は一〇〇パーセント」と公言していたのに、なぜあのような事態が起こったのか。それはコメの輸入が禁止されていたからである。つまり、輸入規制により恣意的《しいてき》に向上させた自給率は、高すぎるほうが危険だといえる。結果的に、不足分は国家独占の緊急輸入で賄《まかな》ったではないか。

しかし、日本のコメは短粒種なのに対し、当時大量に輸入されたのは長粒種のタイ米だった。これは明らかに農水省の策略である。日本と同じ短粒種や、それに近い中粒種を輸入することもできたはずなのに、馴染みの薄い長粒種を輸入することで、「外国産のコメは品質が悪い」という認識を国民に持たせたのだ。そして、「自給率を高め、いつでも品質の良い国産を食べられるようにしましょう」と、自給率向上を食料安保と結びつけたのである。

それは国家が輸入を独占しているからこそ導き出せたロジックだ。民間に開放すればそんなことは起きない。わざと顧客を困らせるようなことをすれば、事業は成立しないのだから。真の食料安保は、入手先の多様化と発達した貿易関係こそが担保するのである。

農水省が、国民のために本当に食料不足への不安を日々募らせているのならば、輸入規制を解けばいい。豊かな日本マーケットにアクセスしたい生産者は、世界中にいくらでもいるではないか。同時に国内農場の強化を重視するのならば、それを阻《はば》んでいる規制を改革するしかない。この二つの異なる課題を「食料不安」の演出によってわざと混同させ、現状の省益維持を目論《もくろ》んでも、建設的な解を見出すのは不可能だ。

そして、国民にとって現実問題として、自給率よりもっと簡単で確実な指標がある。それは在庫量だ。万が一、食料が足りなくなった場合、何が食えるかといえば在庫しかない。主要品目の自国ならびに主要生産国・消費国の月初と月末の在庫量を逐一公表すれば、国民の不安もなくなるはずだ。

主要国の収穫量、農家庭先価格、国内消費量、輸出入量を併記すれば、なお良いだろう。

それを見れば世界中にどれだけの量の食料が存在し、日々、食料がどれだけダイナミックに動いているのかリアルに分かる。

世界的な在庫量は以前よりも減っている。だが、それは需給の逼迫《ひっぱく》によるものではなく、在庫過多をなくし農家や穀物メジャー（大手穀物商社）が利益を得られるように、サプライチェーン・マネジメントを徹底した結果である。食料危機とは関係ない。

また、自給率政策と食料安保が無関係だということは、英国政府が論理的に立証している。自給率向上の模範国だとして農水省がお手本にしている、あの英国がである。何より、小学校の教科書にまで載せている英国の自給率は、上がっているどころか顕著に下がっているのだ。

英国政府が公式発表した生産額ベースの数字では、一九九一年の七五・三パーセントから、二〇〇七年には六〇・六パーセントと一五パーセントも下降している。これは、同時期における日本の生産額ベース自給率の減り幅八パーセント（七四パーセントから六六パーセント）の倍である。率自体も、日本より五パーセント低い。

この数字を農水省は絶対発表しないだろう。カロリーだろうが生産額だろうが、「先進国のなかで日本の自給率は極めて低く、日本だけが急激に下がってきた」というのが永遠の真実でなければならないからだ。これが覆《くつがえ》ると、自給率向上を目的とした省予算拡大を正当化できなくなってしまう。

当の英国は自給率向上を政策として採用しておらず、それどころか、「自給率向上を国策にすべきではない」理由を真正面から論証した文書を発表しているくらいだ。換言すると、「農業生産による食料自給率の変動を中心に、食料安全保障を議論することは不均衡であり、根拠薄弱で、取るに足らず、見当違いで、判断を見誤らせる」という結論だ。

何が食料危機の脅威になるのか

日本と同じ純輸入国でありながら、日本とは真逆の政策判断をした英国政府の主張と、その根拠とは何か。以下に要旨を取りまとめる。

そもそも食料安全保障とは何か。それは、健康的な生活を営むために必要な、安全で栄養価に富む食料をいつでも調達できることだ。つまり、発展途上国にとってはまさに「生か死かの問題」であり、安全保障を高めるための挑戦が現在、世界的に進行中である。これが、FAOを始めとする国際機関や、学術論文で使われている食料安全保障の意味だ。

そのため、英国のような豊かな先進国、とくに食料の輸入比率の高い国が自国の食料状況を指すのに、食料安全保障という同じ単語を使用する際には、分別ある認識をしておかなければならない。

それでは途上国において、国民の生死を左右する食料危機が起こる根本原因は何か。それは慢性的な貧困と脆弱《ぜいじゃく》な自給自足農業、そして社会インフラの未整備である。食料輸入の多さが原因ではないし、むしろ国内以外に多様な調達源を持っていることで、安全保障は高まるのだ。

つまり、食料安保の定義については、貿易に立脚する豊かな先進国と、貧困国とのあいだで埋めることができないほど、大きな隔たりがあることを理解する必要がある。

また二〇世紀来の歴史において、大規模な飢饉《ききん》が発生した原因は、単純な国内生産の減退や絶対量の不足というより、購買力の大幅な減退や流通手段の遮断、健全な市場メカニズムが機能しない非民主的な国家の存在などである。

先進国で食料危機の脅威といわれるのは、栄養失調や飢餓の問題ではなく、消費者にとっての食の選択幅や食の安全に関する何らかの事柄を意味している。これは、消費者の食品全般に対する期待値が非常に高いことが背景にある。

実際問題の食料危機があるとすれば、それは生命リスクや経済的リスクではない。政府が国民に対して、食の安全についての説明責任を果たしているかどうかといった、政治的リスクのほうがそれらよりはるかに高い。

英国は明らかに食料が安全に保障された国だ。GDPが世界六位であり、人口は世界人口の一パーセント以下。つまり、高い購買力と低い人口シェアの組み合わせによって、国際マーケットから食料を調達できる最適のポジションにあるのだ。

にもかかわらず、食料自給率が低いという議論になると、メディアは「国は国民を食わせられるのか」「お金を出しても食料が買えなくなる」と騒ぎ立てる。こういった表現は情緒的な供給者論理であり、軍事的な響きさえある。

この論理は、食料安保を国内の食料自給と同一視しており、食料の安全を保障するのは供給者側であるという誤った認識から発生している。具体的にいうと、消費者や流通小売業者は、どこかしらに存在する中央統制機関や農業共同体にいわれるがままに、食料を受け取る消極的な存在であり、供給者への影響力も状況を変えようとする動機も行使できない存在であると、見なしているに等しいのだ。

供給者論理に基づいた誤解のもう一例は、輸入が突如、すべて停止する事態を安易に想定していることだ。もしも輸入停止が起きるとすれば、米国やオーストラリア、ブラジルといった食料輸出大国が、常日頃、貿易で競争し合っているにもかかわらず、突然輸出を全面的にストップする申し合わせをしなければならない。

この可能性は極めて低い。しかも、食料の輸出入を行っているのは大部分が国ではなく、無数の民間事業者である事実さえ考慮に入れていない。

輸入依存の「依存」という言葉も、供給者論理で情緒的な意味合いが強い。輸入国が一方的に輸出国に「依存」しているようにとらえられがちだが、裏を返せば輸出国は輸入国からの収入に大きく「依存」していることとなる。

また輸出という行為自体は、国内市場への「依存」を減らすためである。国産比率が高ければ、それは国内の消費者が国産農産物に「依存」していることになる。貿易は国と国が相互に「依存」し合うことによって、お互い発展、繁栄する国際分業である。

それに、もしも何らかの理由で輸入が全面停止した場合、影響を受けるのは食料だけではない。食料を生産するのに不可欠な、燃料や肥料などの生産資材も同様である。いくら国産農産物が豊富にあっても、燃料がなければ生産地から消費地まで食料を運べない。

究極的には、エネルギー安全保障を向上させることが鍵である。調達源が世界に広がり、民間事業者によってオープンに取り引きされる食料と違い、石油や天然ガスは中東などの不安定な国に偏在しており、その取引は国家権益に大きく左右されるからだ。

つまり、自給率という指標は外部に大きく依存しており、それ自体で自己完結できないのだ。そのため、それを何パーセント上げようという向上目標は成立し得ないのである。たとえば英国は産業革命以来、食料自給を目標に掲げたことも、達成したこともなく、これからもすることがないだろう。英国は食料を多くの安定した国から調達している。多様性が安全保障を強化するのである。

国内生産は当然必要だが、自給のために全国民が農業をしたからといって、一〇〇パーセントの自給率が達成できるわけではない。様々な手段で自分の能力を発揮し、必要な収入を得て、食料を始めとした多くの資源を手にできるのが先進国の証でもある。

食料安保とはリスク・マネジメントの課題であって、自給の問題ではない。国内農業の次元を完全に超えている。それは食料の問題ですらなく、一国の問題という次元でもとらえられないのだ。

以上が英国政府の主張だ。これを読んで、読者はどのような感想をお持ちだろうか。

自給率政策の誤りを唱えた英国

英国政府は、「自給率を高めるために、特定作物の価格を人工的に上昇・維持させる政策は、農家の質を低下させる一方、膨大な在庫を生み出す」と主張している。まるで、日本のコメ農政の現状を指摘しているかのようにも述べているのが目につく。

さらには、「先進国の自給率向上政策は、途上国の輸出収入を阻害することにつながり、本来の意味の食料安保に悪影響を及ぼす」として、「国家が最低限の自給率目標を人工的に設定することには、まるで妥当性がない」と結論づけている。

英国政府が自給率向上促進に異議を唱える根本的な理由は、自給という単語が意味することに反して、結局、外部の経済活動や環境条件から断絶し得ない点にある。天候による不作や病気の蔓延、自然災害による食料流通経路の遮断、生産・加工段階における危害要因、燃料や資材の不足など、その要因を数え上げればきりがない。

意識的であれ無意識的であれ、食料安保を食料自給率や農業の持続可能性への不安、もしくは渇望と混同すべきではない。

仮にそれが単純に食料自給率の問題であれば、国の政策は国内生産を最大化し、輸入量を最小化する方針で進められる必要があるだろう。これを実現する政策は、国家の市場介入、農家に対する価格決定と買い入れ保証、輸入に対する高関税、スーパーの調達方法への規制、環境規制の緩和などである。

しかしこうした手段は、食料安保や地球環境、消費者の健康といった問題をまったく改善しないばかりか、商業活動や消費活動、ひいては国内外における人々の福祉に深刻な問題を引き起こすだけだ。

英国政府の政治哲学は、国民や環境の持続可能性に寄与するために、マーケットの機能やそこで活躍する人々を阻害しないかたちで、個別の課題と原因にもっとも効果的に向き合うことにある。

ほかにも注目すべきは、農業経営者を国の農業生産の一部ではなく、独立した事業者としてはっきり位置づけていることだ。それに、国による国産振興の時代は終わり、農場においてもほかの産業と同様、顧客開拓しか経営に未来はないというスタンスも明確に打ち出している。英国政府の発表資料には、国産振興について相当踏み込んだ興味深い記述がある。

「食品安全基準の下《もと》で、地元や国産農産物のほうが外国産より安全で、信頼に足るという主張には厳密性が欠けている。国産有機農産物に付随するイメージだけに目をつけて、輸入品と比べてどこがどういいのか、リスクとコストの面から科学的に検証することを避けている。輸入品は遠くから調達されるため信用できないという決めつけには、根拠がない。フードマイレージが高い輸入はリスクが高く環境負荷も大きいため、そうした輸入は避けるべきだと正当化する主張にもまったく証拠がない。逆に、もっとも環境に負荷が大きいのは、国内の道路輸送であることはあらゆる証拠が示している」

せっかく消費者が持ってくれている国産信仰を、ここまで厳密に否定する国はそうそうない。「国産だから買ってもらえる」といった甘い現状認識では英国農場は外国産に勝てない、まして英国産が外国産になる海外顧客の開拓などできるわけがない――。そんな問題意識を持ちながら、英国が取り組んでいる農産物輸出戦略が成果を出しているのも頷《うなず》ける。

農業輸出大国オランダの自給率

農業政策が一流、農業生産者も一流でも、自給率が減り続けることは往々にしてある。たとえば、競争力のない国産大豆や小麦の代わりに、日本が世界に誇れる品質の果物や野菜、牛肉を増産したとしよう。輸出も増え、農家も儲かった。関連産業も伸び、村も栄えた。けれども自給率は下がる。先にも述べたように、果物や野菜は穀物に比べてカロリーが低く、牛肉はカロリーは高くても飼料自給率を乗じてカロリー計算されるからだ。

この現象が顕著に表れているのがオランダである。オランダが農業大国だというイメージはあまりないと思うが、実は米国に次ぐ世界第二位の食料輸出大国なのだ。

過去三〇年で、輸出額は七五〇パーセントという驚異的な伸び率を示している。一方、自給率はその間に七二パーセントから五三パーセントと、二〇パーセント近くも下落。同時期一三パーセント（五三パーセントから四〇パーセント）減少した日本より、七パーセントも減り幅が大きい。

オランダの農業が発展したのは、明確な農業政策の賜物《たまもの》である。オランダもほかの先進国と同様、耕作放棄地が増えているが、生産性が向上したために生産量は増加。ただ、品目別に見ると、穀物の耕作面積が減少している一方、ジャガイモなどの根菜類、そして野菜の面積は増えているのだ。現在、穀物より野菜の耕作面積のほうが大きい。

なぜかというと、世界的に競争力の高い野菜や花を重点的に生産し、輸出することで、農業の発展を図ってきたからである。穀物の面積が減ったのは、飼料用の小麦やトウモロコシでは米国などとの国際競争に勝てず、利益は出せないと判断し、世界中の顧客に買ってもらえる公算の高い商品にシフトしたのである。

オランダの自給率が激減したのは、単純にカロリーの高い穀物の生産を減らし、カロリーの低い野菜を増産したからだ。しかし、オランダ政府はもちろん、農家にも国民のなかにも自給率が下がったことを心配している人は誰もいない。それもそのはず、オランダの自給率を「発明」したのは、日本の農水省の役人なのだから。

国際的に生き残ろうと思ったら、生産性の低い作物を無理に底上げせず、生産性の高い分野を集中的に伸ばすべきだ。日本のように自給率の数合わせばかりにこだわり、マーケット評価の低い麦、大豆や、需要のない飼料米を税金で増産したところで、農業の成長にはつながらない。いたずらに国民の負担を増やすだけだ。

オランダがこれだけ輸出を伸ばした背景には、戦略的な技術革新もあった。日本が農業技術を発達させるとき、そこには「農家がもっとラクに仕事ができるように」「農家が何も考えなくても済むように」という発想がある。しかし、そのような万人向けの生産支援は結局高くつき、農家のコスト高に跳ね返ってくるだけだ。

一方、オランダが目指したのは、世界で戦えるような技術革新だ。効率的な量産のための品種や機械、設備の開発、貯蔵時の温度や湿度の管理技術、輸送中の劣化を防ぐ技術など、どうすれば品質を維持でき、顧客に満足してもらえるかという視点で農業技術を革新した結果、輸出を伸ばしたのである。こうした先端技術は積極的に海外移転される。その結果メーカーのコストは下がり、オランダの農家はその恩恵を受けられるのである。

「輸出大国＝輸入大国」の常識

オランダは輸出が増えると同時に、輸入も増えている。人口が世界五八位の約一六六〇万人しかいないにもかかわらず、輸入額は世界第七位である。

日本人の常識からすると、「国産が足りないから輸入する」のであり、「輸出するほど国内生産量が多いのに、なぜ大量に輸入する必要があるのか」と考えるだろう。実は、その発想自体が農業・食ビジネスの現実を見誤っている。

オランダは、質の良い原材料を海外から国際価格で輸入し、それを国内で加工して、製品として輸出している。端的にいえば、輸出するために輸入しているのだ。

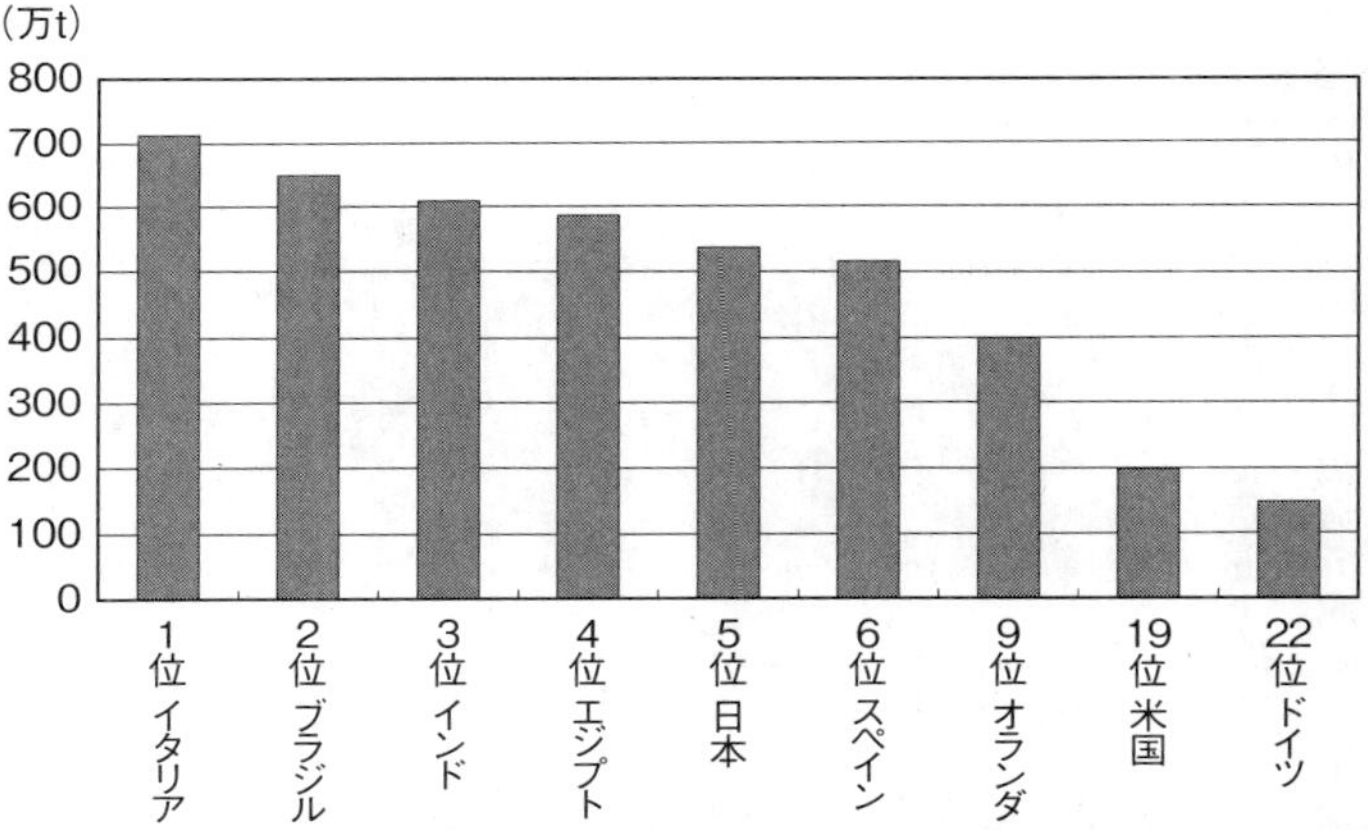

図表15　世界の主要小麦輸入国と量（2006年）

※出典：FAOSTAT

これは何もオランダに限った話ではない。世界の主要小麦輸入国を示した〈図表15〉を見てもらいたい。

世界一の小麦輸入大国は、何とパスタの国イタリアである。イタリアにとって小麦といえば、日本のコメに相当するか、それ以上の存在だ。それを、飼料用小麦が含まれているとはいえ、日本より二〇〇万トンも多い七〇〇万トン強を輸入している。これは、一九七〇年代の一〇〇万トンから七倍にも増えている。日本でいえば、コメを全量輸入しているような増え方だ。

小麦の大生産国である米国までもが二〇〇万トンも輸入している。その米国の農業競争力を脅《おびや》かすブラジルも、日本以上に輸入しているのだ。ブラジルはサトウキビや大豆、綿花の生産効率は高いが、小麦の競争力は他国に劣るため輸入しているにすぎない。イタリアは、大量に輸入した小麦をパスタや菓子などに加工し、大量に輸出している。事実、世界の農産物流通のうち、七割は加工食品であり、そのまま売られているのはごく一部でしかない。このことからも、「安い原料を輸入すれば国内農業が壊滅し、自給率が下がる」との議論は必ずしも成立しないことが分かるだろう。輸入大国のなかで輸出が極端に少ないのは日本だけである。

逆に、日本のような食品加工技術が発達した先進国では、原料を国際価格で輸入できれば、加工産業が競争力を持てる。そして農産加工品が世界に輸出されれば、輸出向け商品の原料となる国産農産物の需要や競争力も引き出されるのだ。農家が直接農産物を輸出しなくても、海外に向けて市場が大きく広がるのである。

にもかかわらず国は、それでは食料安保が脅かされるといって産業のパイを国内に絞り、国産原料シェアを最大化しようとする。実際は第三章で述べた通り、コメや小麦、バター、砂糖などの利権構造を維持するために、国が輸入を取り仕切り高値で引き渡すという、輸出競争力を落とす仕組みを自ら作っているにすぎないのだ。

たとえば、国際的な品質評価に対して日本のお菓子の輸出が少ないのは、それらの原料が国際価格で買えないからである。工業界でいえば、日本だけが原油や鉄を他国の数倍の値段で買っているという、あり得ない話なのだ。

国際的に自給率が重要視されないのは、基本食料であっても互恵貿易が成立し、農業が加工産業に立脚しているからだ。それなのに日本は、「日本人だけが自給自足して生き残れればいい」ともとれる国粋主義的な政策によって、国民、農業、食産業界すべての実益が失われている。

食料危機は来ない

実際に世界的な食料危機が訪れる可能性はあるのか。私は限りなくゼロに近いと思う。そもそも世界の食料供給量は、人口増加ペースより高い水準で増えているのだ。冷静になって振り返れば、二〇〇七年も二〇〇八年も世界的に穀物は豊作であり、食料危機どころか増産に成功していた。投機筋の穀物相場への影響力も下がり、価格も下落・安定傾向にある。

ところが、小麦の独占輸入機関であるはずの農水省は、この先一〇年の穀物価格は上昇を続けるという予測シミュレーションを、世界に向けて公式発表している（「穀物及び大豆の国際価格の見通し」）。

売り手の輸出国や商社が「高くなる」とのシグナルを発するのなら戦略的に理解できる。

ところが農水省はその逆で、買い手が売り手に対して一〇年間の価格高騰を容認するマヌケな情報発信をしているのだ。「五〇〇〇本の方程式で計算」と自画自賛しているが、これは売り手の米国などにしたらチャンス。なぜなら、毎年前年より高値を吹っかけても、日本政府は文句もいわずに買ってくれるだろうから。そして、食料不安と省益維持が合致する農水省は、むしろ「予測通りの高値だった」とご満悦だろう。

世界の穀物生産量の推移を見ても、食料危機が杞憂《きゆう》であることが分かる。一九六一年の約九億トンから二〇〇七年の二四億トンと、四六年間で一五億トン以上増産しているのだ。単純に、それを二〇〇七年の世界人口約六七億人で割ると、一人当たり年間三五八キログラムにもなる。

これはどれほどの量か。日本人一人当たりのコメの消費量は年間約六五キログラム、小麦は約四〇キログラムだ。これらを合計しても、年間一〇〇キログラムを少し上回るだけ。つまり、我々が食べている三倍以上の量の穀物が毎年生産されていることになる。

二四億トンのうち、食用はわずか半分の一二億トンで、三割強がエサ用、バイオ燃料などの工業用が二割に迫る。この一二億トンで試算し直しても、一人当たり年間一八〇キログラムとなり、日本人の年間消費量の二倍弱を生産していることが分かる。

先進国では、穀物の直接消費が一人当たり一〇〇〜一五〇キログラム、家畜を通しての間接消費が三〇〇～五〇〇キログラムで、平均六〇〇キログラムも消費する。要するに、飽食の過剰摂取だ。一方、発展途上国では肉の消費が少なく、平均で二五〇キログラム程度。これらを足した需要を供給が上回るため、増えているのが燃料用というわけだ。

ただし人間が食べるための穀物と、家畜にエサとして与える穀物、そしてバイオ燃料用の穀物などを、別物として考えることには意味がない。これらは、そのときの需要と供給の関係で売り先が異なるだけだからだ。食用だった小麦が翌年はエサに回ることもあるし、燃料用だったトウモロコシがエサ用になることもある。これを穀物の代替性という。

事実、燃料用に売られるはずだったトウモロコシが、二〇〇八年、石油価格の急落を受け、エサ用に大量に出回った。また二〇〇七年の価格上昇を受け、翌年世界で一一パーセントも増産された食用小麦は、在庫がだぶつきエサ用にシフトした。米国で大豆が減産すればブラジルで増産したように、産地も移動する。

すなわち、生産量のなかから市場価格に応じて一定の変動比率で食用、飼料用、工業用と振り分けられるのだから、食用の穀物だけが激減する事態はあり得ない。仮に一時的に減少したときでも、価格が上昇するため、ほかの用途から結局回ってくることになる。

しかも、一定面積当たりの収穫量も増え続けている。過去四〇年で二・五倍上昇し、ここ五年でも一四パーセント増加。加えて、穀物が儲かるとなれば、ほかの作物を作っている世界の農家が参入してくる。綿花や食用油用作物、イモ類、サトウキビなどの作付面積は、食用穀物以上の四・五億ヘクタール。さらには、世界の農地面積一五億ヘクタールのうち二〇パーセントの三億ヘクタールは、何も作られていない休耕地だ。

つまり、少なくとも穀物の絶対量が足りなくて、世界中の人間が飢餓に苦しむという食料危機は、まず訪れはしない。

バイオ燃料は米国農家のヒット作

一部には、これまで食用と飼料用に生産されていた穀物をバイオ燃料として利用すると、食用と飼料用に回す分が減り、穀物不足や価格高騰を引き起こすという声もある。

しかし、今述べたように、全世界の穀物生産量は食用需要をはるかに上回っており、足りないどころか供給過剰に陥っているのだから、現状でもバイオ燃料に回す穀物は十分ある。二〇〇九年末時点で、世界の穀物在庫は消費量の約二〇パーセントに当たる四億五〇〇〇万トンもある。

そもそもバイオ燃料用は、長年低価格に悩んできた穀物業界の新たな市場として、生産者や関連産業が値段を上げるために開発した新商品だ。事実、一九八〇年代から一九九〇年代にかけて、在庫量は消費量の三〇パーセント前後という過多の状況が続いており、農家は採算割れに苦しんでいた。

他方、世界に先駆けてバイオ燃料の開発と普及に努めているのがブラジル。その原料のサトウキビの農家は好景気を謳歌《おうか》していた。すでに一九七〇年代から、政策的にガソリンの代わりとなるバイオディーゼル燃料を開発し、自動車の燃料などとして利用している。

そして、「このままでは今後急速に伸びるであろうバイオ燃料の世界的な需要を、ブラジルに独占されてしまう」と危機感を抱いたのが、米国の穀物農家だった。

彼らとしても、これ以上、生産性をいくら向上させても、需要がなければビジネスにならない。供給過剰な穀物を売りさばくためにも、食用と飼料用に次ぐ新たなマーケットを作り出す必要があった。そこで、バイオ燃料に目をつけたわけだ。

米国の農家は独立して農業を行っており、国のいいなりではなく、自分たちの意志で生産する作物を選び、市場を開拓して規模を広げてきたという歴史を持つ。同じくバイオ燃料の普及に関しても、農家のリードで国の政策を動かしたのである。

日本の場合、農水省が主体となって農政を取り仕切っているため、農家の声は政策に反映されにくい。しかし米国の農家はロビイストを雇い、ワシントンに事務所を構え、日本の農水族に当たる地方選出の議員に働きかけて法案を提出させたのだ。

「現状でも穀物は十分にある。さらなる技術革新で生産性が上がれば、バイオ燃料用の穀物も十分確保できる。そうなればブラジルに対しても優位に立てるし、国民が不安を抱く中東への石油依存からも脱却できる。もっと必要になれば、休耕地を活用して生産量を増やすことも可能だ。バイオ燃料という新たなマーケットができれば、余剰穀物は解消され、値段も上がり、世界中の農家も潤《うるお》う。そうなれば、政府の補助金負担も軽減される。良いことずくめだ。そのための生産設備は我々農家が整えるから、国として補助金を支給してほしい」

このように、農家にも国にも国民にも、メリットがあることを主張したのである。そこには米国の農家の伝統である、農業をビジネスとして、さらには農業を成長産業であらしめ続けるための先手必勝戦略がある。

二〇〇七年、戦略通りに穀物価格は高騰し、農家の所得は米国史上最高を記録した。二〇〇九年には脱石油を掲げるオバマ大統領が誕生し、バイオエタノールへの支援策も拡大傾向にある。

しかし、すべてが順風満帆《じゅんぷうまんぱん》というわけではない。石油価格の下落を受け、バイオ燃料の原料価格も低迷。破綻《はたん》する農家経営のプラントも相次いでおり、同国最大級のプラントも倒産した。加えてバイオ燃料用トウモロコシの生産に対して、食品業界や環境保護団体からの反対圧力も高まっている。また、バイオエタノールの使用が義務づけられている、ガソリンスタンド業界からの不満も大きい。

それでも農家団体は攻勢の手を緩めない。政府に圧力をかけ、ガソリンのバイオエタノール混合許容率を一〇パーセントから一五パーセントに上げさせ、市場拡大を一気に図ろうとしている。米国におけるバイオ燃料は、国ではなく穀物農家が作り出したヒット商品なのである。

補助金廃止が発展させる農業

米国に限らず、EU諸国でも農家は国の補助金の恩恵を受けている。しかし、その体質は日本とは違う。「農業の延命装置」として補助金をばらまく日本とは逆に、欧米のそれは農産物の国際競争力を高める下支えが目的であり、いうなれば未来に対する投資だ。先にも触れたように、戦略的な展望を描いた米国の穀物農家は、自らの手で補助金を勝ち取っている。

それでは、補助金がなければ農業は続けられないのだろうか。そんなことはない。日本でも補助金に頼らず経営している農家が実は多数派だ。農業八兆円産業のうち、自律志向の農家がすでに五兆円以上を産出している。大規模なコメ、畑作農家は補助金のおかげで何とか黒字になっているのが現状だが、とくに野菜、花、果物農家は独立して黒字経営を続けているところが多い。

補助金の廃止により農産業が発展した国もある。その代表格がニュージーランドだ。ニュージーランドでは、かつて他の先進国と同じように、農業保護の名の下に価格支持や機械、設備助成のための補助金政策が行われていた。しかし、一九八五年に補助金が廃止されたとき、八万戸あった農家のうちの八〇〇〇戸から一万戸が廃業すると予想されていたにもかかわらず、実際に廃業したのは五年間でわずかに一〇〇〇戸未満。それには、補助金の代わりにセーフティネットが整備されたため、自ら農業界から退場した者も含まれる。

逆に、農業生産額は一九八五年からこれまでに一六〇パーセントも伸長し、農業のGDP比率は一四パーセントから一六パーセントに向上。輸出に至っては四倍も増大し、全輸出額の半分を超える主要産業にまで躍進した。

大多数の農家が、補助金廃止という大変化に見事に適応したわけだが、その理由はいくつかある。まず、政府が補助金廃止に加えて関税を下げ、輸入を促進したことだ。政府が農業の競争力を刺激しようとしたのである。

関税低減にはもう一つの狙いがあった。当時、国内で調達できない農業機械や資材は、高い関税のせいで外国からかなりの高値で仕入れなければならなかった。必然的に、農家はハイコストの農業をせざるを得なかったが、国がその輸入障壁を下げたのである。

結果として、国産農産物が世界的な競争力を持てるようになる。経済危機にあったニュージーランド政府が、強い信念を持って農政に取り組んだことが功を奏したのだ。

そして、補助金廃止の荒波を農業発展に結びつけられた最大の理由は、農家の意識改革である。国に保護されているという安穏とした意識を脱し、事業者として成長することに邁進《まいしん》した。それこそ死に物狂いになって経営改善に取り組んだのである。

たとえば、それまでは競合国と比べ、牛肉などの加工費は高くついていた。それを下げるために作業工程を改善する、工場で働く作業員のシフトを工夫するなどの構造改革を推進。ほかにも家畜の品種改良や、長期輸送に耐えられるパッケージの開発など、様々なイノベーションを加速させた。

当たり前の話に聞こえるが、補助金制度で所得が守られるとイノベーションが起きにくくなる。逆に、政府の価格支持に頼れないとなれば、農家の焦点は、中間コストを省くか、新しい付加価値を生み出すかに絞られるのだ。

新しい環境に農家が対応できたもう一つの理由は、政府の失敗に懲りていたことだ。彼らはかつて、「補助金制度で子羊を二九〇〇〇万頭作れ」といわれ作ったが、世界の需要は二九〇〇万頭しかなく価格は大暴落」という憂き目にあっている。

これは日本の需給調整や生産数量目標と同じく、政府が勝手に需要を決めて、農家に押しつけていたものだ。「市場が求めていないものを作ってはいけない」ことを、ニュージーランド農家はこうした経験からも学んでいた。

政府の介入がなくなったおかげで、彼らは市場から発せられるサインを見逃さず、需要に合ったものを生産するようになった。キウイフルーツやワインなど、それまでなかった商品を開発し、豊富な自然を生かした「エコツーリズム」と呼ばれる新しい観光形態も生み出した。羊メインの牧畜から、鹿やヤギ、ダチョウ、アルパカなどのニッチマーケットの開拓にも乗り出している。

日本でも有名タレントを使ったテレビCMを流し、積極的に輸出しているゼスプリブランドのキウイフルーツも、ニュージーランド農家のものだ。ゼスプリは政府の介入のあった農家組織から脱皮し、一九九七年に完全民営化。農家出資の株式会社として成長を遂げている。

日本の農業とニュージーランドの農業とでは性格が異なるため、一概にはいえない。しかし、日本も補助金を段階的に縮小、廃止し、同時に政府介入の自給率向上政策を撤廃することで、プロの農家にはビジネス機会がもっと与えられる。競争によってテストされなければ、人間が持つ本来の能力は表に出てこないことを、ニュージーランド農家の経験がよく示しているのである。

日本の政治家も現実を知り、農家の打たれ強さや潜在能力を評価すべきだ。農家は中小・

零細事業体の経営者であり、数少ない農業のプロとして誇りを持っている。所得補償といった、あたかも国の憐れみで生き延びさせられているかのような、不名誉な地位を与えるべきではない。国がいくら農家戸数やそのライフスタイルを守ろうとしても、農家の進化は止められない。そして、それを後押しする新技術や新商品も生まれ続ける。

食料安保と自給率向上を中心とした鎖国農政は、農家が自力で発展するチャンスを奪うのみならず、日本を世界の潮流から取り残させるだけの愚策だ。WTOも保護主義を縮小、撤廃する方向に動いているし、FTA（二ヵ国間の自由貿易協定）の締結《ていけつ》も進んでいる。国の務めは、農家の活力がより発揮できる市場を広げるために、世界各国とパートナーシップを結んでいくことである。

自給率向上政策の終焉

農水省は相も変わらず、子供騙しの自給率向上国民運動を推し進めている。その根底にあるものとは一体何か？　それは、農水官僚の国産農産物に対する自信のなさだ。そして、WTO交渉の結果、農産物の真の自由化が近いことを暗示している。

農水省は、コメを始めとした高関税品目の税率を低減すれば、「日本農業は壊滅的な打撃を受ける」との試算も発表済みだ。今のうちに「国産を優遇するポイント制度」などといったＷＴＯ協定違反の国産ＰＲをしておいて、あとになって「我々はＷＴＯ妥結《だけつ》前にできる限りのことをした」という言い訳を用意しているのである。

まったく同じことを、製造業界を管轄する通商産業省（現在の経済産業省）が、一九六〇年代にやっている。工業製品の輸入自由化を前にして、通産省官僚がうろたえ始めた。自由化で国内メーカーが潰れ、産業が衰退すれば、戦犯としてやり玉に挙げられるからだ。その事態を避けるために、政府広報予算を使った工業品の「国産愛用運動」を展開していた。

商品は絶対的に正直なものだ。たとえ国産品であろうが、品質が悪くコストも高いのでは外国産に太刀打ちできるはずがない。生き残るには、外国産より品質を良くすること以外になく、それができなければ市場から消えていく。これが経済社会の原理原則である。

需要を無視し、国内供給を税金で増やす自給率向上・鎖国政策は、国内市場を海外から隔離させ、競争するインセンティブを弱め、結局は農業を衰退させるだけだ。

工業界は、自由化を商品の価値で乗り切った。農業界もまったく同じである。最終の商品、農産物はメーカーたる農場固有のものだ。国産かどうか、カロリーが高いかどうかなどは関係ない。そして商品には、生産管理、技術革新、投資水準だけでなく、経営者のプライド、社員のもの作りの思想までもが如実に現れる。つまり、いくら国家が宣伝しようが、個人でブランド化しようが、商品は嘘をつけないのである。

すでに野菜、果実農家は低関税時代を乗り越え、生産性の向上、嗜好《しこう》性の追求、産地間連携などによって自らの強みを発揮している。輸入によって生まれた新たなマーケットのシェアを奪還し、さらには輸出攻勢に出るたくましい業界に成長している。

関税に守られたコメでも、事業的農家の多くは輸入自由化時代に備え、生き残りをかけた商品開発や設備投資を十分に行ってきたし、規模拡大とマーケティングの力をもっと発揮したいと考えている。彼らは現状の、未来のない過保護政策ではなく、より競争原理が強化される規制改革と、新たな売り先を開拓できる各国との市場開放を歓迎するだろう。

所得補償や補助金農政はこの流れに逆行し、票田獲得のために見せ金で心を揺さぶり、農家の思想を弱めようとするものだ。その結果、農場の生み出す商品は傷つき、価値を落とす。

いってみれば民主党は、農場の衰退を願っているのだ。それはなぜか。農場が弱くなれば弱くなるほど政治の力を必要とし、不安を抱く国民の農政への期待は高まり、一票の換金率が上がるからだ。自給率は、政治と官僚の力を担保するための呪文なのである。それほどまでに、この単語の持つ呪縛は強い。

だが、自給率という名の呪縛が解けたとき、政治・行政主導による農業の時代に終止符を打つことができる。そして、自律した農業経営者の時代が始まるのだ。

浅川芳裕

1974年、山口県に生まれる。月刊「農業経営者」副編集長。1995年、エジプト・カイロ大学文学部東洋言語学科セム語専科中退。ソニーガルフ（ドバイ）勤務を経て、2000年、農業技術通信社に入社。若者向け農業誌「Agrizm」発行人、ジャガイモ専門誌「ポテカル」編集長を兼務。

講談社＋α新書　503-1 C

日本《にほん》は世界《せかい》5位《い》の農業《のうぎょう》大国《たいこく》

大嘘だらけの食料自給率

浅川芳裕《あさかわよしひろ》

2010年 2 月20日第 1 刷発行
2011年 1 月11日第12刷発行

発行者——— 鈴木 哲
発行所——— 株式会社 講談社
東京都文京区音羽2-12-21 〒112-8001
電話 出版部（03）5395-3528
販売部（03）5395-5817
業務部（03）5395-3615

デザイン——— 鈴木成一デザイン室
装画・本文組版——— 朝日メディアインターナショナル株式会社
カバー印刷——— 共同印刷株式会社
印刷——— 慶昌堂印刷株式会社
製本——— 株式会社大進堂

落丁本・乱丁本は購入書店名を明記のうえ、小社業務部あてにお送りください。

送料は小社負担にてお取り替えします。

なお、この本の内容についてのお問い合わせは生活文化局Aあてにお願いいたします。

Printed in Japan ISBN978-4-06-272638-2　定価はカバーに表示してあります。